24

LECTURES

OF PRODUCT DESIGN

INNOVATION

产品设计创新 24讲

蒋红斌　赵妍　著

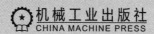
机械工业出版社
CHINA MACHINE PRESS

本书由浅入深地积极引导读者提升设计思维与产品设计创新能力。具体体现在五个方面：一是提升读者的观察能力，特别是从用户的角度开展细致入微的设计观察；二是提升读者的设计方法和技术吸纳能力，包含多途径的原型呈现和不断更新的设计技术吸纳能力；三是提升读者的沟通能力；四是提升读者的设计战略能力，使读者能够站在企业、市场、社会的高度上去理解产品设计和未来的行业发展机遇；五是引导读者从人文情怀的角度去思考、建构、设计和规划，提升对设计的人文思考。

本书适合广大设计师、设计管理者、设计院校师生，以及对设计思维、设计创新感兴趣的社会大众阅读。

图书在版编目（CIP）数据

产品设计创新24讲 / 蒋红斌，赵妍著. -- 北京：

机械工业出版社，2024. 7. -- ISBN 978-7-111-76073-3

Ⅰ. TB472

中国国家版本馆CIP数据核字第2024AM0646号

机械工业出版社（北京市百万庄大街22号　邮政编码100037）

策划编辑：徐　强　　　　　责任编辑：徐　强　单元花
责任校对：王荣庆　王　延　　　版式设计：王　旭
责任印制：单爱军
保定市中画美凯印刷有限公司印刷
2024年8月第1版第1次印刷
170mm×230mm · 16.25印张 · 243千字
标准书号：ISBN 978-7-111-76073-3
定价：89.00元

电话服务　　　　　　　　　网络服务
客服电话：010-88361066　　机　工　官　网：www.cmpbook.com
　　　　　010-88379833　　机　工　官　博：weibo.com/cmp1952
　　　　　010-68326294　　金　书　网：www.golden-book.com
封底无防伪标均为盗版　　机工教育服务网：www.cmpedu.com

前言

为深入贯彻习近平总书记对教育工作的重要指示精神，经专家论证、国务院学位委员会批准，交叉学科成为第 14 大学科门类。教育部实施的新版教育学科专业目录中，艺术学中包含"设计"，交叉学科中包含"设计学"（可授工学、艺术学学位）。秉承教育部将设计学科引入交叉学科的重大举措，本书以本科设计教学为原型，将设计人才培养的受众面拓展至艺术背景与非艺术背景的生源，为交叉学科设计人才培养，进行知识体系与研究架构的铺设。第一，面对交叉学科的新挑战，思考如何促成多学科与跨学科的交叉融合与资源对接；第二，分析如何在教学研究中不断纳入和更新知识体系，将艺术设计与工业工程的原理、思维、实践、原型在课程中整合；第三，考量如何通过设计促成艺术与科学的"对话"，并发挥设计基础课程在通识课程与专业课程之间承上启下的关键作用。

本书围绕设计思维、产品原型创新、交叉学科的人才培养、产品设计战略、科技与艺术融合策略等内容展开，通过 24 讲将生活方式、生产模式、企业生态、生存环境和伦理道德等内容与课程紧密相连，从中体现设计教育者面向未来学科建设与探索中的责任担当与战略意识。

第一，对设计思维的研究展现设计对人的关怀、对未来的关怀，进而凸显设计的人文精神。设计在利他思维的指引下，以构筑人类命运共同体为己任，对设计思维的研究与设计学科的人文性质和认知逻辑息息相关。所谓设计思维可以比作一种取之不尽的可再生资源。当设计思维能力提升后，设计者会发现越是困难的背后越是隐藏着极具潜力的机遇。既然困难险阻中蕴含着机遇，每一次接受挑战就是获得突破创新的破局点。

第二，设计创新要密切关注时代变化，实事求是地探索不同时代的生产平台、生活水平和政策流变情况。产品原型创新不是传统层面上的艺术美学创意，而是将科学与艺术相融合。单纯以产品设计的质量作为生活品质的衡量标准是不全面的，因为其背后的重要推力是科学技术研究水平的不断提升。书中对于设计实践的评价不局限于产品的创造力层面，而是将产品置于用户的生活场景中，还原时代的科技水准来衡量产品在生活与生产中发挥的作用，以及作为艺术与科学的桥梁，是否将两者更好地融合，进而传递出对人、对社会、对时代、对自然的善意与效能。

第三，书中探讨面向未来交叉学科的人才培养方案与课程设置规划，但是方案与实践不止步于产出的设计成果，而是通过设计成果反思整个培养过程的逻辑性、完整性和启发性，进而对人才培养思路、方法、应用原理、执行路径进行优化迭代。同时，重视通过实践产生的学术观念输出，在同类型培养计划中旗帜鲜明、立场突出，围绕生活与生产展开设计探索，最后的设计成果可以在生活与生产中得以还原，以此形成思维的逻辑闭环。

以当下中国的产能与科技发展为背景，国家亟需高层次、交叉学科、多领域、融合型人才。本书的研究内容紧密跟进国家人才培养战略，将理科、工科、文科、管理学科等生源作为人才培养目标，成为国家培养紧缺型交叉学科设计创新人才的关键策略。然而现有高校的设计人才培养模式与交叉学科的人才标准已经存在差距，首先是以高校内部专业教师为核心的培养形式，围绕一类设计主题带领学生展开相应的调研、定位、原型和展示，学生通常来自同一专业、同一年级，往往因设计方案过于类似，学生能力水平相近，导致维持几年后无法实现实质性的突破与不断优化，久而久之，师生均会对培养方式产生厌倦。其次是以高校内部教师与企业设计师为共同主导的培养模式，围绕真实的企业课题开展实地走访、企业分析、产品标准输出、设计执行等环节，学生可以通过真实的企业对接，企业设计师的经验分享与设计点评，了解产品设计企业服务的真实情况，但问题是直接引入现实设计项目，受项目的可延展性和规定条件所限，学生无法建立创新的积极性，并且往往会发生设计成果趋同，设计效率、质量与创新含量低下等问题。最后是以设计竞赛为主线的培养模型，教师会引领学生对竞赛主题进行解析并实施相关主题的设计创作，这种培养方案会受到竞赛截止时间的影响，虽然短时间内可以涌现出一大批设计概念和想法生成，但是因没有充足的时间执行设计迭代与反思，会造成多数方案在实际应用中缺乏可执行性与现实意义。

第四，通过对以上设计人才培养模式的分析，让教育者意识到交叉学科的培养实验与革新势在必行。面向未来的设计，人类智慧将与人工智能高度融合，进而使整个社会系统达到过去无法实现的卓越水平，将未来、艺术、科技、创新、战略融合的人才培养理念会给设计学科带来新的机遇。本书作为多学科、跨学科的通识资料，聚焦艺科融合、交叉学科中新理念、新规划、新模式，以及新的设计成果。通过技术原理、生活原型、企业考察、专题实训、学术研究等环节进行知识融合，形成跨校、跨专业的交叉学科设计团队，实现"科技先行"与"设计先行"并轨式创新。

第五，根据具体知识体系之间的关联性，将书中的 24 讲划分为五个单元。单元一是"设计的原点"，从设计向工业设计建立梯度性延展，进而展开设计思维和设计战略的知识架构；单元二是"产品原型创新"，围绕实际设计活动来分析生活方式的变化，进而研究催生设计产生的社会意识形态与价值观念；单元三是"设计的交叉"，从方法与原理层面强化工业与工程、科学与人文、艺术与设计的思维方法跨界融合；单元四是"设计的实践"，从理论导入过渡到企业分析与设计成果产出；单元五是"设计的未来"，思考设计在技术与人文高速发展中如何更新和革新学科自身的发展目标，以持续赋能社会创新。通过对设计思维、目标、方法、成果的梳理，一方面会使中国高校设计思维、设计创新、设计战略、设计实践等课程的内部运行机制逐渐清晰，促进形成良性、正向、资源整合的交叉学科人才培养新模式。另一方面围绕高校、企业、交叉学科人才培养、社会创新进行多维度的思考，本书可以作为一种多平台共享、交流的媒介，启发读者对未来设计进行深层次的思辨。

综上所述，本书的各个单元与各讲之间的规划和设置同样运用了设计思维去布局和统筹，这反映出设计思维的跨领域交叉融合特性，对设计思维内在机理的深刻理解可以在创新领域、实践场域展现出明确的执行性和清晰的逻辑性。书中提供的交叉学科研究方法与设计实践案例积极引导读者由浅入深地了解、实施、洞察、反思设计的创新机制。希望通过书中所展示的内容和阶段性成果，启发多学科与跨学科研究人员从多个维度去思考和践行交叉学科的设计人才培养的创新之路。

目录

单元四　设计的实践

单元五　设计的未来

24 LECTURES

OF PRODUCT DESIGN

INNOVATION

单元一

设计的原点

单元二 产品原型创新

单元三 设计的交叉

单元四 设计的实践

单元五 设计的未来

设计，以人为本

设计的原点是以人为本，这里的"人"不仅指代个体，也指从人类整体的角度进行思考。人的需求决定设计存在形式，人类为了生存而努力奔波，于是，更好地帮助人类生存是设计的底层逻辑。本讲会从设计活动的发生、人类的繁衍痕迹、生存逻辑、文明历史、生产效率、生活品质、生命价值等角度展开。

1.1 关于生存

何人可教授认为："人类设计文明来源于人类的生存文化。在原始时期，人们主要解决的是生理需求和安全需求，目的是能够吃饱及防止兽类的侵袭。"人类为了谋求生存，通过设计解决吃饭问题、保护生命安全，创造了灿烂的设计文明。人类在生产生活中为了自己生存得更好、生存质量更高，不断地研制新的产品。新产品的设计提升了人们的生活质量。从古代的陶器、铁器、青铜器、瓷器、漆器到如今的塑料制品、不锈钢、钛合金等产品，每一次新产品的出现都映射了人类社会的进步，促进了人类由最初的游牧逐渐走向定居的生活，带动了社会经济的不断发展，大大提升了人类的生存质量。

在工业革命之前，人类生产的产品基本上是采用物理的或简单的化学方式。随着人类社会工业化进程的不断加速，到了工业革命时期，进入了蒸汽时代，各种机器设备的制造、大规模的机器生产，以及新的科学技术的应用，虽然改善了人类的生存状态，为人类的衣食住行带来了很大的便利，但是也加速了人类对自然资源的使用和对环境的破坏。特别是在全球化的今天，随着社会经济的发展，

图 1-1 石头仿生形态鼠标（设计者：联想公司）

人类在生产生活中不重视环境，走先污染后治理的道路，一些问题也逐渐暴露。生存环境恶化（大气污染、水污染、噪声污染、固体废弃物污染）、能源短缺、自然灾害频繁发生（地震、海啸、泥石流等），严重威胁了人类的生存，使人类面临着严峻的生存危机。因此，关注当今生存问题是设计的职责所在。研究生存文化是实施为生存而设计的必要前提，也是人类应对生存危机的有效手段。如何通过设计来改善人们的生存环境，应对人类所面临的生存危机是当前必须进行的设计思考和生存设计研究的重要内容。

生存设计不只是应对突发事件，还需要对社会发展过程中的问题进行设计研究。针对发展过程中的资源短缺，在产品设计阶段就要考虑如何节约能源，在加工制造阶段要考虑如何节省材料，在报废后要考虑如何进行重复利用，或者要考虑把某些零部件组装成新的产品，给产品二次生命。社会的发展离不开人类的每一次设计活动，每次设计过程都与人类生存有关。因此，在社会发展中借助设计的力量，慎重考虑资源的合理利用，会有助于实现社会的和谐发展。

分析中国古人的生活与生产，中国古代的历史是一种关于生存文化的历史。在原始的自然条件下，人们用一些简单、粗糙的石器、木制工具进行打猎、畜牧等活动。在远古时期，人类的生存环境是极其严酷的，面临着自然灾害和野兽的袭击，人们为了谋求生存，保障生命的安全，具备了劳动意识，在劳动的过程中设计和制造工具，在制造工具的过程中升华出了设计的理念。设计属于文化的范畴，它是一种关于生活和生产的文化，也是一种有目的的创造性活动。随着设计的日益专业化和信息化，设计的领域不断拓展，能够为人类生存创造更好的条件，体现了设计无穷的力量。石头仿生形态鼠标如图 1-1 所示。

1.2 关于生产

苹果公司的联合创始人史蒂夫·乔布斯坚信："设计不仅仅是它的外观和感觉。设计就是它的工作方式。"市场竞争和经济困境迫使企业必须通过设计来使产品有所不同。设计师服务于企业或公司，帮助它们进行设计创新并拓展市场。放眼世界先进的工业国家，它们对生产与设计的关系建设重视有加（见图 1-2）。设计的势能集中体现在生活方式和生产模式发展转化的过程中，设计的机遇与挑战也随之而来。生产模式的转变与区域经济或国家经济发展密切相连，设计的生产能力和技术品质体现着国家和社会工业化建设的程度和体系的完善程度。事实上，各国、各地区通过设计创新都获得了非常好的经济效益和社会效益，但观其做法和政策，以及设计输出的形式和作用方式，因影响因素众多而不具有完全的可复制性。所以，设计与生产如何协作并在地区层面和国家层面发挥强大作用，要结合国家和地区的实际情况进行相应的调整。

设计师要具备知识、才干和动机。设计工作需要有数据、时间、资金、材料和设备的支持。设计的价值对于企业来说不可估量，因为产品是通过使用质量和外观质量来体现其价值，并在市场上呈现吸引力的。作为设计创新的实施载体，企业对设计的需求量是最多的。设计团队既包括来自企业内部的设计部门，也包括社会性服务机构。它们实施设计的流程十分丰富，有基于技术、原理、结构的，

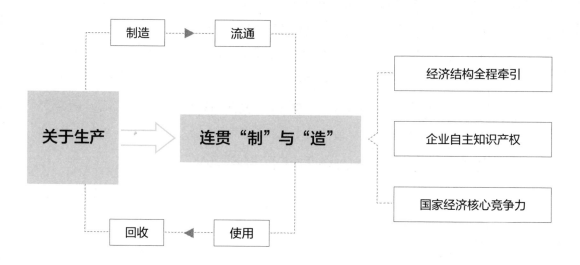

图 1-2 生产与设计的关系分析图

也有基于生活形态、使用方式、目标人群的，更有基于市场、企业战略、产品管理等领域的。但是，对于设计创新的成果，企业其实只有一个准则，即实现企业既定的市场目标。设计者则是应对变化做出创造性决策的引擎，他们的价值就在于构思更新、更好的东西。生产将设计从一次物化向二次物化转化，为企业、社会乃至国家不断提供"更好的、更新的、更有竞争力的产品"。

巴特勒·考克斯合伙公司的创始人乔治·考克斯的答案是："设计是创造力和创新的纽带。它将想法塑造成对用户或客户来说实用且有吸引力的主张。"设计与技术关联密切，设计往往需要通过技术手段，对生活设施、器物和工具、服装和配饰等实施创作。这里的技术离不开科技支撑，材料的多样化和科技的突飞猛进，使设计拥有更广阔的发挥空间。在设计项目中，工程技术人员和设计师需要在多个阶段完成协作，设计师对接设计的受众人群，去建立同理心获得他们的

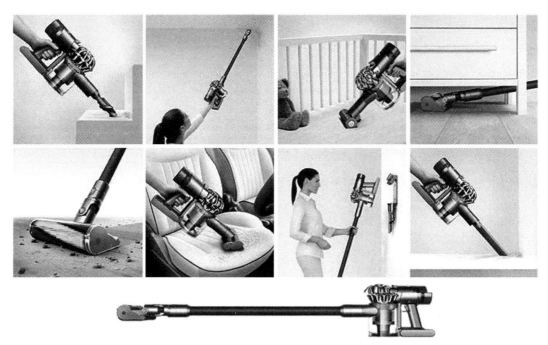

图 1-3 戴森吸尘器的设计

需要，形成设计计划，而技术人员需要通过他们的知识、技能保证项目的设计质量，技术人员还需要将设计师富有创意的计划蓝图加以实施。所以，无论是设计师还是技术人员，都要对设计有一定的经验，同时相互协作和沟通。这意味着，设计并不局限于单独作业过程中的积累知识，更多的是通过多学科、跨领域的沟通去理解和创造事物之间的逻辑关系。

从设计的角度来看，相关的使用性能都需要表达技术特征，技术主要集中在设计的功能或者技术硬件上。对于一个技术人员来说，一个吸尘器的"功能"仍然局限在它作为工具的功能：吸收灰尘，而技术的不断革新，所引发的吸收灰尘的方式不断革新，连带着的便是设计改良，甚至颠覆性的设计品类问世（见图 1-3）。2023 年《麻省理工科技评论》正式发布年度"十大突破性技术"榜单，在过去的 20 多年里，它在众多大、中、小型企业公司和科研机构的海量成果中，捕捉可能"改变世界"的潜在科技趋势，其预测性结论试图指明科技浪潮涌动的方向，洞见未来科技的发展趋势。很多设计者以此为设计创新的支撑和依据，不断践行新的设计突破。

对于设计而言，技术的另一个重要的贡献在于研发更有用的工艺去减少对自然资源的浪费，并且有责任保证设计健康、安全地交付给使用者。因此，在设计研发过程中，要不断促进设计师与技术人员之间的合作。他们之间拥有众多利益共同点，可以将技术比作设计不断优化迭代和创新研究的"发动机"。

1.3 关于生活

英国平面设计师艾伦·弗莱彻相信："设计不是你做的一件事，设计是一种生活方式。"美国工业设计师维克多·帕帕奈克认为："设计是为构建有意义的秩序而付出的有意识的努力。"设计是将计划、规划、设想通过物化形式传达出来的造物活动过程。人类通过造物活动改造世界、创造文明、创造物质财富和精神财富。杨砾、徐立新在专著《人类理性与设计科学》中认为："设计是使人造物产生变化的活动。"通常来讲，设计师要根据用户、服务企业的需求或愿景而发起行动。设计方案的功能性和美观、工艺技巧，以及对需求的满足程度同等重要。设计既可以是公共的，也可以是私人的。因此，设计的功能以及传达的信息和内涵与观众及用户对政治、社会和经济的关系密不可分，也与设计呈现的背景息息相关。

要想对设计势能加以利用，需要关注人们的生活方式出现了哪些新的变化，如果稍稍洞察变化背后的机遇，就能捕捉到用户的本质需求，进而开展设计服务以及创新。设计是人类生活中最为广泛的活动，从古至今，人类活动都离不开设计。设计是随着生活的发展而发展的，生活中处处需要设计。反过来说，设计来源于生活。与此同时，设计有着漫长的历史和丰富的遗产，受到了社会的普遍关注，设计日益成为社会生活中不可或缺的部分，扮演着越来越重要的角色。设计的历史可以追溯至人类产生之初，甚至可以说设计的出现是人类产生的重要标志之一。设计在日常生活中不断发展，简而言之，设计是一种人类改造客观世界的构思和想法。

从设计角度切入对生活的研究，其主要目标便是用户调研，设计始终坚持围绕"以用户为中心"来执行各项任务（见图1-4）。用户可以理解成围绕设计目标形成的利益相关者的总称，具体可以分为设计的关联者、使用者、购买者和拥有者（见图1-5）。其中关联者经常被动受到产品的积极或消极影响。例如，社区员工定期使用除草机修剪草坪，社区内的住户受到的积极影响是整洁的外部环境，而消极影响是除草机发出的噪声。使用者与产品密切接触，是对产品最有发言权的群体，但是他们不一定拥有该产品，甚至也没有选择产品的权利，例如，使用社区除草机的员工，他们一般对除草机的型号、功能、样式选择没有发言权。购买者可能是产品的所有者，也可能是为其他人购买该产品，但自己不使用的群体。例如，社区的除草机一般由社区的采购负责人根据要求在对比品牌、价格、性能等因素后进行统一采购，但是他们不使用除草机，所以对人机交互情况不甚了解。拥有者对产品有占有权，一般既是购买者也是使用者，但也有可能将产品以共享、租赁等形式供他人使用。例如，社区的负责人一般是除草机的拥有者，但是购买者和使用者都不是他本人，而是层层交付给他人执行相关任务。以上分析可以帮助读者理解设计与生活关联的重心在于洞悉设计与人（用户）的关系，从人的角度出发，才能通过设计提供更加理想、舒适的生活方式。

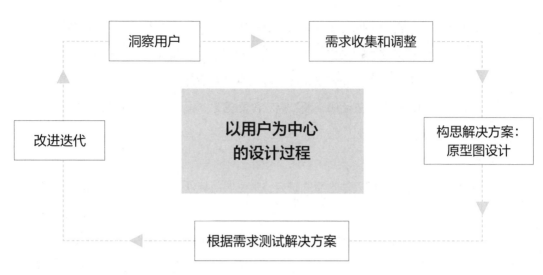

图 1-4 以用户为中心的设计过程

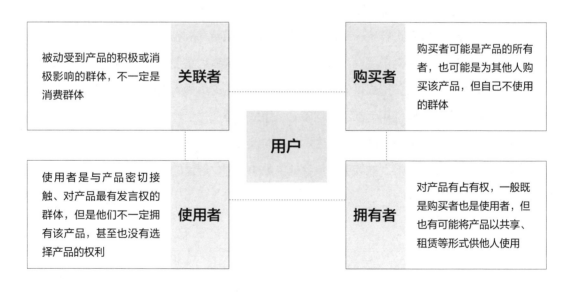

图 1-5 用户的组成

1.4 关于生命

心理学家弗兰克认为："人类生命的驱动力就是对生命意义的不断追求。"生命价值观作为一种价值观念，对人们的行为具有导向作用。正确的生命价值观可以提升人对生命的认知，使人更好地存在和发展，在实践中实现自我价值和社会价值的统一，给个体的生命赋予永恒的价值和无限的意义。中国古代文献中有对生命价值的哲思，其中道家对个体生命生存方式的设计最根本的原则就是"道法自然""任其性命之情"，也就是要追求个体生命存在的自由自在。人既是物类又高于物类，人可以以自己的自觉意识来把握万物的本性。但人类的意志自由并不在于脱离甚至违背外在事物的本性，为所欲为。人类的意志自由在于人把握外在事物的本性，以及遵循外在事物的生命运行的法则的能力。老庄的社会文化批判的尺度可以归结为一句话，即维护个体生命的自然本性、反对异化、追求个体生命自由。人类在自身的演化过程中，不断创造了新的文化，由结绳到使用文字，由步行到使用舟车，一步步地走向文明。在创造物质文明和精神文明的同时，人类的争夺也在加剧。为了避免争夺，人类为自己设置了一套套道德规范、法律规范，企图把每一个人都定位到规范规程之中。

在马斯洛需求层次理论中，第一个需求就是生理需求。生理需求不能得到满足，人类的生理机能就无法运转。也就是说，人类维系生命首先要解决的是吃饭问题，否则人类的生命将会受到威胁。需求层次理论中的第二个需求是安全需求。人类解决了吃饭问题，开始考虑生命的安全。生理需求和安全需求构建和维系了人类的生存状态，而对生命的关照是对于人类全部生存方式的整合。

设计是一种对人的生命价值的思考方式，以生命价值为设计依据是设计发展的必然趋势。因此，对于生命的理解和思考是架构生存设计的重要途径。面对全球化的生存危机，实施生存设计已迫在眉睫。随着设计的概念不断外延，需要发挥设计的力量，最大限度地改善生存环境，维系人类的生存，谋求人类社会、经济及环境的和谐发展。同时，设计作为一个复杂的自组织系统，无论是物质层面的要素结构，还是精神层面的价值取向，都具备生命有机体的典型特征，同样经历出生、孕育、生长、衰落等生命历程。设计的生命价值观作为一种价值观念，存在于人们的实践活动之中，对人们的行为具有导向作用，决定着生命的性质和方向。

1.5 人文关怀与精神品质

加拿大设计师布鲁斯·毛认为："设计的基本理念是让世界变得更美好。"日本平面设计师原研哉的理解是："设计的本质在于发现一个很多人共有的问题并试图解决它的过程。"如今，设计取得了如此大的成功，并且人人都可以成为设计师，但它所表达的意思却各式各样、大相径庭。设计既指代一种活动，同时也被形容成一种"风格"。许多时候，设计被当作一个形容词，例如说"某物是现代风格的设计，某个产品真是太有设计感了"，甚至经常被随意滥用。然而，设计需要预先构思具体而实际的活动，而不能仅让人联想到一些毫无用处、华而不实的产品。同时，设计并非一种修饰，例如"中国制造"和"中国设计"，制造和设计这两个概念就非常容易被混为一谈。实际上，设计的重心应在于为完成预期目标而构思过程的精密度和实施活动的创造力，而不仅是由这个过程或活动带来的结果和产品。

人文关怀精神是人类特有的现象，"人文精神"是"人类在社会发展过程中所创造的物质财富和精神财富的总和，特指精神财富"。人文关怀赋予设计温度和精神品质，是对人类美好生活的映射。人文关怀是以文化内涵为指导，应对当今生存环境变化这一问题的解决方法和依据。设计是为大多数人设计，也是提升人类幸福度的有效方式，有利于改善人类生存状态和生活质量，实现社会的和谐。对未来人类生存状态的关注研究是不断延续的过程，并非一朝一夕就能完成的。

设计师需要不断地进行探索和努力，以整体社会人群需要为前提，关注大众生活状态，彰显设计的人文关怀，同时也需要政府的帮助及群众的支持。

在这一部分将人文因素在设计中所涉及的部分分为：地域文化和人文关怀。其中地域文化与设计息息相关，因为设计注重原创性，将地域人文、社会经济和历史文化元素融入其中，从而为人们创造出触及内心深处的震撼和感动。设计是企业竞争力的关键因素，企业经营是经济活动的一部分，而经济活动又是社会文化环境的一部分。设计与人文的结合造就了社会审美文化：美、风格、品味、图文、色彩等，同时也弥补了技术与工业文化的审美缺陷。人文因素在设计中不断辐射着影响力。例如，在奢侈品、时尚、化妆品领域，很明显所谓的"大品牌"卖的不仅是一个包或者一瓶香水，卖的还是一种象征、一种文化和一种与之匹配的生活方式。对于设计而言，产品（物品）的示能性表现在它们能否准确传递设计信息或者"某种精神状态"。产品是一个传播介质，是赋有感情象征以及审美标志的载体。设计师带着热爱和激情来设计，他们创造出风格，激发人们与产品一起生活的渴望。设计师有梦想，也会让人产生梦想，同时他们也会将梦想变成现实。正如林赛·欧文琼斯所说："文化冲击激发创造力。多元社会文化更具有创新力，技术是资本、研发是服务，而设计和创新更是一种文化。"

设计的核心是以人为本，人文关怀是每个设计师都需要承担的社会责任，它不仅能弥补部分用户在生理上的缺陷，也可以让更多用户在心理上得到安慰、支撑和鼓励，让社会更有温度。由联合国所有会员国于 2015 年通过的《2030 年可持续发展议程》，为人类和地球在现在及未来的和平与繁荣提供了一个共同的蓝图。其核心的 17 个可持续发展目标，成为发达国家和发展中国家众多设计团队和个人不断付出行动的目标，通过各项设计活动在全球范围内积极呼吁。这项议程和设计对应的行动就体现了设计的人文关怀和设计师的社会责任意识。

参考阅读书籍与文献

[1] 蒋红斌, 孙小凡. 中国厨房协同创新设计工作坊:
城市年轻人的生活方式与厨具新概念 [M]. 北京:
清华大学出版社, 2017.

[2] 露西·亚历山德拉, 蒂莫西·米拉. 中央圣马丁的
12 堂必修课 [M]. 张梦阳, 译. 北京: 北京联合出
版公司, 2022.

[3] 张楠. 设计战略思维与创新设计方法 [M]. 北京:
化学工业出版社, 2021.

[4] 蒋红斌. 工业设计创新的内在机制 [J]. 装饰,
2012(4):27-30.

[5] 蒋红斌. 蒋红斌: 设计思维赋能产业变革和社会
创新 [J]. 设计, 2021(4):60-65.

[6] 张芳德. "任其性命之情": 个体生命生存方
式设计 [J]. 湖北民族学院学报 (哲学社会科学
版),2001(2):76-79.

[7] 孙伟. 基于生存文化下的生存设计研究 [J]. 黄山学
院学报,2016,18(2):76-78.

[8] 李炳训. 未来人类生存空间设计人才持续培养任
重道远: 李炳训谈环境设计 [J]. 设计, 2020,
33(16):49-54.

工业设计的序幕

从设计向工业设计进行梯度思维延展，从历史背景层面切入对工业设计的解读，纵观过去、现在和未来，以生活和生产为参照，关注工业设计在各国工业发展历程中，对国家产业、经济、人文、技术发展的赋能情况。

2.1 英国的工艺美术运动

英国是工业革命的发源地，是 19 世纪的"世界工厂"，又是现代设计的摇篮。18 世纪，英国是走在世界前列的，无论是 1764 年哈格里夫斯发明的"珍妮纺纱机"，还是 1765 年瓦特改良的蒸汽机，都给当时的英国在生产力上带来了巨大的变革。新技术的运用，开始让人们重新审视传统的工作方式，省时、省力、工作效率最高成为当时的时代主题。英国的机械文明得到巨大发展，机器生产所带来的弊端也伴随着一些有识之士的呼声而被广泛关注。维多利亚女王在位的 64 年间，是英国国力的鼎盛时期，此时的大英帝国有着"日不落帝国"的称号。在这个时期，不只是艺术，英国在文学、经济、科学等领域也有了很大的进步，中产阶级开始兴起。在当时的人们看来，维多利亚风格是对生活趣味的体现。大气恢宏的建筑风格是中产阶级的名片，饱满华丽的奢侈工艺品、家具是其名片上的"附属品"。最终，人们因无法忍受这种秀媚甜俗之风，转而寻找简洁轻松的设计风格，因此发起了工艺美术运动。

工艺美术运动是于 19 世纪末至 20 世纪初发生在英国、欧洲及美洲等地的一场国际性艺术风潮。工艺美术运动极力反对工业时代的影响，主张返回中世纪

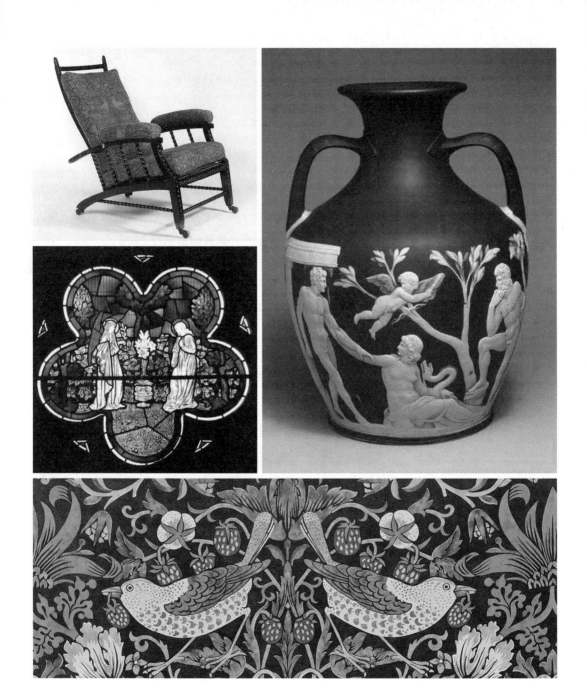

图 2-1 工艺美术运动时期的代表作品

的淳朴之风，吸收日本和自然的装饰动机，创造出新的设计风格（见图2-1）。它的影响遍及整个西方世界，参与其中的艺术家及知识分子总体而言，希望通过艺术手法唤醒由于机器工业的迅猛发展而逐渐湮没的手工艺活动及生活原生态的美。现代工业设计历史的书写起始于工艺美术运动，因为这个运动是代表一个时代的设计思想家用他们的哲学思维、人文理想、艺术与工艺美术实践来回应现代化大生产、机械制造、现代工程技术对传统设计提出的挑战。工艺美术运动是形而上的纯艺术领域和传统手工艺领域对工业革命及其生产的机械化批量化变革的回应。这个运动的理论前锋和实践领袖都表现出一种对机器生产的厌烦和对传统精致、唯美和饱含文化内涵的设计的共同志趣和实践探索。

就英国而言，它的工艺美术运动较为纯粹，参与者和评论家对手工艺采取了绝对的肯定，对机器生产则是绝对否定。纵观整个工艺美术运动的发展可以发现，实质上其是由一群心怀理想的艺术家所发起的乌托邦式的运动。艺术家通过否定机械化生产，主张复兴古老的哥特式艺术，强调自然主义气息，提倡设计为广大人民服务，提倡"有品质的生活"理念，主张优秀的设计人人都能享有，深受日本和中国等东方艺术的启发，主张回归对传统手工艺的重视与热爱。工艺美术运动的艺术家通过身体力行、积极投身实践启发和呼唤着后人对传统手工艺的重视与回归，具有永恒的意义与影响。在工艺美术运动中，拉斯金、莫里斯、阿什比、马克穆多、韦伯等先锋以一己之力投身时代，积极奔走，他们身上体现出的堂·吉诃德式的骑士精神和珍贵的品质，治愈了那个时代的人们的迷茫，重塑了人们的人伦精神，尤其对当下有着深远影响。工业革命之后，人们"将上帝赶下神坛"，但是人们在物质生活得到丰富之后，却再也找不回当初那种与在"上帝"的怀抱中相媲美的归属感和安全感，人们被机械化所异化，人类的精神世界摇摇欲坠。因此，通过复兴手工艺重塑时代的价值观，应当成为人们的共同志向。

2.2 法国和西班牙的新艺术运动

新艺术运动于 19 世纪末 20 世纪初发端于欧美,以法国和西班牙为典型。新艺术运动对世界设计史影响深远,它涉及的领域广泛,从建筑、家具、产品、首饰、服装、平面设计、书籍插图,一直到雕塑和绘画艺术,延续时间长达十余年。比利时设计大师亨利·凡·德·维尔德(Henry van de Velde)说:"那些从事维多利亚矫饰风格设计的人拒绝寻求正确的形式,即简单、真实和绝对的形式,所表现出的只是他们本身的虚弱。"

新艺术运动继承了工艺美术运动的思想和探索精神,对工业化风格的泛滥持否定态度,希望以自然主义风格开创设计的崭新局面。新艺术运动的起点是对历史动机的否定,对文脉的主观改造是新艺术运动设计理念和视觉形态创造的深层动因。王受之认为:"新艺术运动是历史上第一个完全抛弃对历史的装饰和设计风格的依赖,完全从自然中汲取设计装饰动机的艺术运动"。对历史风格的大胆否定,奠定了以后各种设计运动迈向现代主义的基础。可以说新艺术运动采取自然事物而非历史文脉中的素材作为艺术设计的创造动力和逻辑起点,对奠定艺术设计的现代主义精神和内在实质开了先河。

新艺术运动将一种唯美的艺术精神和对艺术形式的精深追求渗透在人造物设计的几乎所有领域,从家具、器物、招贴、装帧,到珠宝、建筑,最终变成了人们心目中无可替代的"欧洲风格"的象征(见图 2-2),并开创了现代设计的历史,成为现代艺术的源流。更重要的是,新艺术大师们以手工对抗机器,以艺术对抗工业的实践,不仅为当代人提供了生活方式与精神怀旧的高级素材,而且为现代艺术的发展方向贡献了宝贵的思想资源。维尔德的设计实践使设计的艺术形式具有了深重的意识形态特征,并且以明确的理论宣示赋予设计艺术明确的现代性内涵。维尔德认为:"技术是产生新文化的重要因素""根据理性结构原理所创造出来的完全使用的设计,才能够实现美的第一要素,同时也才能取得美的本质"。

图 2-2 新艺术运动时期的代表作品

综上所述，工艺美术运动和新艺术运动是对工业化、机械化时期设计道路如何发展问题的思考和探索。

2.3 德国的"德意志制造联盟"

拥有"德意志制造联盟"和包豪斯学院的德国，是工业设计的发源地。20世纪初，德国之所以能在经济上迅速超过资产阶级摇篮的法国与工业革命发祥地的英国，历史学家与经济学家争论的结果是因为它开启了世界工业设计革命的序幕。德国工业设计的产生与当时德国的文化运动、教育改革、民族统一和工业革命的兴起是密不可分的。作为现代设计运动的发起国之一，从"德意志制造联盟"

促进艺术与工业的结合，到包豪斯学院强调设计造型与人的关系，以及乌尔姆所提倡的优良设计，德国工业设计始终致力于"以人为本"的设计理念，逐步确立了以系统论和逻辑优先论为基础的理性设计。

在工业主义和民族主义的推动和影响下，具有德国内在特质的设计改革浪潮再次兴起，一些有识之士认识到，在手工艺及工业领域改革设计是促进贸易繁荣之根本，而德国既无廉价的原材料，又缺少"大路产品"的出口对象，只能用高质量的产品来夺取世界市场（见图 2-3）。当时，德国已经出现了一批大型的，在工业化进程中发挥自身优势的，试图展示艺术任务和生产任务新型关系的垄断组织，并迅速形成了艺术家和工业家的牢固联盟。1907 年，在赫尔曼·穆特修斯（Herman Muthesius）的倡导下，一些富有进取心的制造商和设计师组织成立了德国第一个设计组织——"德意志制造联盟"，其宗旨是："选择各行业，包括艺术、工业、工艺品等方面的代表，联合所有力量向工业行业的高质量目标迈进，为那些能够而且愿意为高质量进行工作的人们形成一个团结中心。"

"德意志制造联盟"是 20 世纪初在德国成立的第一个关于设计的组织，无论是在理论上还是在时间上，都对当时德国包豪斯学院的发展产生了较为重要的影响，同时也为德国现代主义设计的发展奠定了基础。"德意志制造联盟"成立的目的是让德国在当时的时代背景下能将艺术、工业和手工业相结合并不断发展，从而提高德国整体的设计水平，设计出更出色的工业产品。"德意志制造联盟"认为，艺术设计的目的是人而不是物，设计师应该在满足产品需要的情况下提高设计水平，减少不必要的艺术性装饰，这一设计理念对德国设计师的影响深远。在他们眼中，工业设计师的主要服务对象是普通民众，工业设计师不能是以自我为中心、追求自我表现的艺术家，设计不应为追求艺术体验而放弃对民众生活需求的考虑，艺术应该更多地为民众服务，产品设计应该能在生活中实现多功能使用，符合简单、实用、功能多样的生活设计要求。

图 2-3 "德意志制造联盟"的代表作品

　　"德意志制造联盟"在当时德国追求商品的竞争力和高质量的背景下成立，希望可以向不同领域推广工业设计思想，为人们提供新的设计思路，从而促进工业的发展，达到使德国经济迅速发展和提高全民文化素质的目的。优秀的产品宣传可以使更多的人和领域了解产品的设计理念与发展前景，"德意志制造联盟"的产品宣传和设计理念传播可谓典范。为了宣传设计产品、传递设计理念，"德意志制造联盟"发行了刊物《造型》，其中展示了各种各样的产品设计和建筑设计成果。此外，"德意志制造联盟"还通过开办年会、举办特定展览，以及发展会员等方式宣传设计和其设计思想。在"德意志制造联盟"早期的宣传手册上，人们可以看到，当时的德国制造工业已经发展成熟，设计理念突出且与人们的现实需求相符。

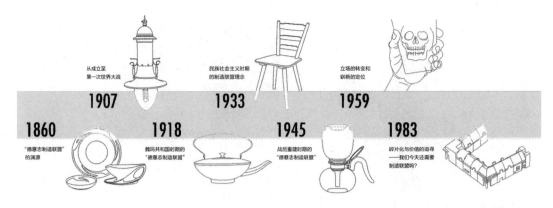

图 2-4 "德意志制造联盟"的设计发展历程

  "德意志制造联盟"在当时工业文明的基础上进行了现代工业设计，在标准化的生产方式下提出对产品艺术美感、风格及趣味的要求（见图 2-4）。"德意志制造联盟"基于现实需要的产品设计、工业制造取得了重大发展，其在成立与发展过程中的代表人物和理念也对未来包豪斯学院的设计理念与发展产生了重要影响。

参考阅读书籍与文献

[1] 卞鑫童 . 20 世纪初德国背景下德意志制造联盟对包豪斯的影响 [J].
  美术教育研究 ,2021(8):50-51.

[2] 张锐 . 新艺术运动风格在插画设计中的应用研究 [D]. 武汉 : 湖北美
  术学院 ,2023.

[3] 聂臻 . 人工物分析视域下的"工艺美术运动"探析 [D]. 西安 : 西安
  建筑科技大学 ,2021.

[4] 奚协 . 从现代设计的摇篮到创意英国 : 对英国现代设计发展轨迹的
  思考 [D]. 南京 : 南京艺术学院 ,2017.

[5] 严弢 . 工艺美术运动的萌生及启示 [J]. 艺术教育 ,2023(2):35-38.

[6] 宗明明 , 王柔懿 . 历史的片段 : 德国工业设计思想形成轨迹一瞥 [J].
  设计 ,2015(1):50-59.

工业设计的发展

　　工业设计与工业发展不断磨合，逐步从以艺术为中心、以机器为中心向以人为中心的思路转化。自包豪斯学院之后，工业设计逐步走上历史舞台，并在各国的政策推动下，实现了从技术革新向人文精神的不断升维。蒸汽机将热能转换成动能吹响了向工业革命进攻的号角。从此之后，人类着迷于如何使用机器和引擎转换各种能量，由此生产出了各种机器，生产方式发生了翻天覆地的变化，工业机器如雨后春笋大批量地出现，从而拉开了工业设计的帷幕。待到内燃机发明后，石油的使用（第五种能量转换形式）推动了第二次工业革命，计算机信息技术推动了第三次工业革命，以及人工智能技术带来的第四次工业革命。

3.1 包豪斯奠定工业设计发展的基调

　　19 世纪后期，德国工业凭借其廉价的劳动力，源源不断地制造大批量价廉物不美的产品，出口到世界各地。1886 年，德国以及其他 40 多个国家参加了美国费城世界博览会，德国参展的所有产品受到了冷落，博览会评委会给予德国展品的评价是"价格便宜而质量低劣"。到了 20 世纪初期，世界阵营中的经济及科技力量的分布发生了改变，德国一方面延续了洪堡教育改革以来，对科技探索始终抱有的热诚和坚忍不拔的精神，另一方面伴随着两次工业革命，经济得到了空前的飞速发展，形成了极富实力的工业基地。1910 年，一些国家在工业生产中所占的比重：英国为 14%、德国为 16%、法国为 7%、美国为 35%、沙俄为 5%、日本为 1%，德国跃居欧洲之首，居世界第二位。为了提升德国产品的国际声誉，增强德国产品在国外市场的竞争力，德国政府开始对他国设计状况进行全面调查和情报搜集，系统研究竞争对手的产品。

　　"德意志制造联盟"注重教育，在教育方面主张通过系统的文化教育让学生了解艺术制造。教育能够让设计师有良好的知识储备，可以将设计品应用在不同的方面，让产品充满更多的现实意义。注重教育这一理念深深地影响了包豪斯学院的教育体系。包豪斯学院认为，每一名学生都应该学习一门手工艺，以此促进手工艺更好地融入社会机械化生产。包豪斯学院还提出了艺术和技术的统一这一想法。威尔德是"德意志制造联盟"的创始人之一，他在 1908 年成立了魏玛市立工艺学校，该学校是包豪斯学院的前身，是世界上第一所有着现代理念的设计学院。虽然魏玛市立工艺学校的存在时间较短，但包豪斯学院许多课程的设置沿用了威尔德最初的思想，这给包豪斯学院的发展带来了无限可能。

　　包豪斯学院（见图 3-1）的创立、其教育理念体系的构建，离不开当时的时代背景和工艺设计能力出众的先锋流派的支持。包豪斯学院容纳了当时许多能力出众的大师，并为他们创造了良好的交流环境。大师们在教学中输出自己的设计理念和设计思路，同时也与不同的设计师进行合作与交流。学生了解并吸收不同大师的独特思想后，对于设计理论有了自己的总结与思考，由此使包豪斯学院的学风更加活泼，涉及的领域更广，对国际的工业技术、工业艺术走向产生了重要影响。

　　包豪斯学院集中了当时欧洲的杰出艺术家，具有当时最新、最先进的设计思想和建筑成果，这让学院成为当时的现代主义设计的代表，以及当时工业艺术运动和教育的中心，其理念影响至今。这些杰出的设计师将现代主义设计运动和理念发展到空前的新高度，而这些艺术家多出于"德意志制造联盟"。例如包豪斯学院的第一任校长格罗皮乌斯，他为包豪斯学院邀请了许多优秀的艺术家与教师、不同领域的设计师，带领包豪斯学院踏上了一条颇具特色的办学道路，引领了包豪斯学院的整体走向。由此可见，"德意志制造联盟"为包豪斯学院的设计理念

图 3-1 包豪斯学院

的形成做好了铺垫，也为包豪斯学院培养了大批的设计和教育方面的人才。

从 1919 年成立至 1933 年被强行关闭，处在恶劣的政治、经济环境之中的包豪斯学院经历格罗皮乌斯、汉斯·迈耶和路德维希·密斯·凡·德·罗三个不同阶段。作为世界上第一所为发展设计教育而建立的学院，在短暂的 14 年历程中，包豪斯学院集中了 20 世纪初期欧洲各国对于设计的探索、研究与实验，把以观念为中心和以解决问题为中心的设计体系基础比较完整地奠定起来，将欧洲现代主义设计艺术理论和实践推向了巅峰。

3.2 乌尔姆促成校企联合设计模式

1945 年，战争使德国工业总生产能力的 50% 以上被摧毁，国民生产总值下降到 1938 年的 40% 水平，尽管物质生活极端贫困，德国人民面对被占领的现实，普遍存在着悔过和自新的心理。作为旧德国一部分的西德意志地区，尽管经历了第二次世界大战的历史性转折，但是没有被摧毁的就是它在近百年的工业化进程中积累起来的工业潜力。1951 年，通过联邦议院决议，德国设计委员会成立。协会以社会和国家利益代表的角色介入设计活动中，其宗旨是把德国经济对设计的支持作为经济和文化的要素来执行。1952 年，新技术形态研究院在达姆施塔特成立，1954 年，工业造型协会在埃森成立。

1953 年，乌尔姆设计学院成立。尽管仅仅存在了 15 年，但是在德国战后重建的复杂局面下，乌尔姆设计学院创见性地提出设计在未来承担的社会角色，完善了以系统论和逻辑优先论为基础的设计科学方法论。它所形成的设计体系、设计观念直到现在依然是德国设计思想和设计哲学的重要组成部分。

第一，主张社会性优先原则。源于康德哲学思想及洪堡教育理念，设计的个体责任一直是乌尔姆设计学院长期关注的主题，不仅影响了它的设计立场，而且渗透教学管理的各个层面。乌尔姆设计学院沿袭了包豪斯学院"为大众生活而服务"的民主精神，将人文和科学进行整合融入设计中，提出了"设计不是一种表现，而是一种服务"的核心理念。乌尔姆设计学院在追求社会性优先原则方面，其社会意义、政治意义及文化意义远远大于任何一所设计学院的普遍意义。

第二，确立了一种根植于工业生产和科学理论的设计思维模式。如果说包豪斯学院确立了现代设计的基本原则，那么真正将现代设计融入工业，并在实践中回答了设计不是一种应用艺术形式，而是一门由其任务决定的规范化学科这一问题的便是乌尔姆设计学院。乌尔姆设计学院把数学、社会学、信息学、人体工程学、实验心理学纳入设计实践范畴，搭建了更具学术延展性的跨学科平台，使设计从提倡技术与艺术相结合转向科学性立场上来，促进了设计的系统化、模数化、多学科交叉化的发展，开辟了一条独立的、理性的发展道路。

第三，以开放的、批判的态度对待工业设计。随着技术与经济的迅猛发展，设计伦理价值一再沦落，以积极的、批判的精神定位设计在工业文化与文化工业之间扮演的角色，成为乌尔姆设计学院工业设计的新课题。在 1963—1964 学年的开学典礼的讲话中，艾舍指出，"营建系的目的在训练出有能力解决营建工业化所遭遇的相关问题的建筑师。它所着眼的是让建筑师准备承担起由于营建工业化而加重的责任，而不只是训练一个专业人员。"也就是说，设计的目的不是获得经济利益，而是大众消费品，是一个国家文化水平未来的标准，产品设计师对于视觉文化负有最终的责任。通过教育培养、改造工业化时代的生活方式，明确设计担当的社会职责，提高设计师的责任意识和自身的创造能力，表达了在新的科学、新的技术条件下，对于理解、表达和控制自己所处环境的愿望。正是这种前瞻性的批判意识，使乌尔姆设计学院的设计实践远远超越了它所处的时代。

德国工业设计思想在本国乃至世界工业设计发展史上的意义是不容置疑的。从"德意志制造联盟"开始，经过包豪斯学院、乌尔姆设计学院直到 20 世纪 70 年代的多元化发展，德国工业设计完成了一个合乎理性逻辑的发展过程，建立了符合时代要求的设计思想体系，在设计哲学与设计美学层面上回答了什么是工业设计、工业设计为了谁、怎样进行工业设计等问题，引导人们对工业设计做更深层次的思考。

3.3 美国引领设计商业化运营体系

第一次工业革命之后，新兴的工业设计不可避免地与手工艺设计展开了对市场的争夺。随着后来几次工业革命的加持，激烈的市场竞争导致进入买方市场，工业设计形成了碾压式的优势，取得了压倒性的胜利。工业设计发展至今，其广度和深度以及方式、方法都发生了巨大的变化。进入工业化社会之后，工业设计水平越来越成为各个国家核心竞争力的重要衡量因素。本来工业革命诞生于英国，工业设计也最早在英国萌发，但由于当时英国上下对工业设计在未来的作用预见不足、认识不深，没有从国家层面出台政策加以引导，作为工业设计主体的英国企业当时也只顾眼前利益，不重视工业设计，结果让重视工业设计的美国和德国赶上并超越，失去了"世界老大"的地位。

第二次世界大战后，美国成为最强大的经济体，经济的发展使美国设计业得到了快速发展，增加了对专业设计师的需求，促进了美国设计的发展，其重要特色就是实现了人才培养满足设计职业的需求的目标。以商业项目运营为导向的设计模式将完整的产品设计与开发过程引入设计项目。首先，强调产品设计开发过程的完整性、多学科融合性等，具有综合性特点，符合产品设计所需的多元化知识。以商业项目实践为导向的设计方法包括设计输入、设计研究、头脑风暴、设计展开、工程图、模型之作、商业化设计、展示等环节。

其次，美国在设计教育层面依然关注商业化实践，这解决了理论向实践转化的源头导向。美国国家艺术与设计学院协会（National Association of Schools of Art and Design,NASAD）是一个对艺术设计类院校进行评价的非官方机构，该机构组织学校间的联评，以保证对学生的培养质量。该机构制定的手册详细地罗列了美国艺术与设计类院校课程体系、项目实践和实施的规则。依照手册，在基础课程中往往安排一些固定项目，如相关工程结构方面的外形、结构、机构的模型制作项目，学生在项目中要完成构思、确定模型目标、选材、设计机构、绘制加工图、模型制作、表面处理、效果展示等环节。此外，NASAD的指导手册把实习、合作项目，以及其他领域的工业项目设计实践、多学科团队合作项目放到重要位置，要求学校尽可能地提供给学生参与实践的机会。

最后，美国工业设计在设计研究过程中，强调把设计研究和市场研究作为创新技术基础，用以了解人们想要的产品，包含了行为观察、设计问题澄清、思考如何解决问题的过程。这一过程也是设计思维、创作灵感产生的过程，通过各种

图 3-2 美国工业设计

思考，解决产品造型与色彩、结构与功能、结构与材料、外形与工艺、产品与人、产品与环境、市场关系等综合问题的过程，将产品概念顺利转化为实物的过程。

美国工业设计的兴起促使工业设计职业化，对全世界工业设计做出了重要贡献。美国的第一代工业设计师，可以说从汽水瓶到航空飞船都设计过（见图3-2）。设计门类的不断丰富，各类新的设计产品不断融入生活细节中，使设计界对人的关注度提高到了一个新的层次。工业设计是一门多学科综合的专业，艺术与工程技术相结合是实现产品设计转化为商品的技术支撑。设计服务是一种为了进一步促进设计品质而有计划、有组织地通过对顾客和参与者行为需求、动机的调研从而为产品供应商提供用户友好的、竞争性强的相关设计。将设计过程不局限于完成设计创新，而是更倾向洞察客户潜在需求，通过访谈，跟踪服务用户，为产品供应规划产品的概念和前景，改观现有产品的不足，创建新服务的过程，是当前设计的潮流与趋势。

美国设计的最大特点就是与商业紧密结合，因此，在当前的人才培养中，设计服务的思想也被贯穿到当中，如交叉学科的研究方法、集成产品的开发、产品的商业化设计项目等，均将设计服务方面的内容列入产品商业化设计之中。

3.4 斯堪的纳维亚引导设计人性化思考

在 20 世纪五六十年代，人们便开始慢慢熟悉"人性化设计"这个名词，并且它在设计界逐渐成为一个焦点，引人注目，从而形成新的设计潮流来引领设计。在当今信息时代的背景下设计相对发达，用户对于任何产品的设计要求已不是仅停留在其功能层面，而是更多地关注设计出来的产品所能满足用户在感官上的各种享受与体会，如触觉、听觉、视觉等。满足产品的功能性不仅是人性化设计的要求，也是满足了人们的心理需求的客观要求。"以人为本，为人而设计"是人性化设计最大的追求和体现的主要特点，它强调设计的出发点和归宿点是用户。人与物能够完美地结合在一起的设计，才是真正的人性化设计。人性化设计便是这样一个更高层次的设计理念与要求，既有审美功能，又有使用功能，还反映了产品设计对人的一种关怀，体现在文化传统，民族宗教等多个方面。

随着人们知晓现代主义对用户的漠视，20 世纪 50 年代以北欧设计为代表的"有机现代主义"以其非正规化、人情味和轻便、灵活的设计开始兴盛。例如，在阿尔托的作品中斯堪的纳维亚的功能主义可以看得十分清晰。他对于有机材料的偏爱使他的作品具有一种人文情调和温馨的情感，这有助于在产品制造过程中有效地控制成本，因为在芬兰有遍地的木材。其在 1928 年扶手椅的设计中，采用胶合板和弯木，使整个产品既轻巧又方便使用，较为充分地利用了木质材料的优势特性——既舒适又优雅。丹麦 计师阿诺·雅各布森堪称这一领域的杰出典范，他的有机主义极简设计常从作品中产生一种超实梦幻的神奇力量。1951 年，他设计了三腿的"蚂蚁椅"。20 世纪 50 年代后期，雅各布森又从"蛋"和"天鹅"的形态中受到启发，设计了两件仿雕塑艺术品的作品"蛋椅"和"天鹅椅"。

斯堪的纳维亚人在吸收功能主义实用性的同时，发扬人文主义精神，最终创造了一种比功能主义更为柔和并具有人文情调的柔性功能主义，这便是"功能"与"人性"并存的斯堪的纳维亚风格。斯堪的纳维亚设计在功能主义的基础上强调人文主义精神，立足于当地文化与传统工艺，充分利用当地的传统材料，力求从质感中表现最全面的美学价值。此外，在不牺牲舒适性的前提下，斯堪的纳维亚设计充分强调美感与雅致，使其设计更加温馨与自然。

斯堪的纳维亚朴素的功能主义设计使之符合现代工业批量生产的基本要求，推动了产品样式的生产，符合现代社会的经济法则。但与此同时，斯堪的纳维亚设计同样强调人文因素在设计方面的作用，满足大众审美，避免过于刻板和单一。正如丹麦家具设计师凯伊·博杰森所说："我们所制造的东西应该是有生命的，有心脏在其中跳动的，它们应该是人性化的、有生机的和温暖的。"

在思考设计风格时，必然会将其置于自身的社会文化氛围中，而斯堪的纳维亚人为我们做出了完美的诠释。斯堪的纳维亚人为了使自己的生活能够融入环境，在设计的选材与造型上永远会考虑自身的工艺传统与文化习俗，他们坚信大自然在设计形成过程中起决定性作用，最终形成了这种独特的斯堪的纳维亚风格。斯堪的纳维亚人用独特的设计智慧洞察自身文化与传统的魅力，使其优秀的传统工艺在功能主义的基础上大放异彩。

3.5 日本开启民族文化设计思潮

　　日本设计的主要特征就是传统设计与现代设计相结合。传统设计是传统文化的体现，"琳派"和"浮世绘"对日本设计有着重要影响。"琳派"可以说是对传统设计的传承，也是现代日本被称为"和风"风格的代表。"浮世绘"是大众化的设计艺术，对日本现代设计有着影响，尤其是第二次世界大战后的日本设计。民族属性在日本设计中打下了深刻的烙印，如以传统文化为基础的设计。日本设计在学习西方的同时坚守民族传统，在自己传统文化融合的基础上推陈出新。通过日本建筑、园林、产品、平面设计来体现日本民族文化精神的设计思想。同时，日本民族文化的资本化运营也是从日本设计中体现的。

　　日本设计的发展可以说是日本民族经济的发展。民族经济的发展必然是民族文化的弘扬和传承。日本民族本就注重精神感受，在使用器物的同时也赋予器物一定的精神内涵。著名的产品设计大师深泽直人的产品包装设计令人惊叹。他的设计理念和设计作品都深受日本传统文化的影响，将传统文化中的雅致和简朴作为核心要素，结合现代日本文化的需求来设计产品包装，其中在各大设计网站上一直备受欢迎的设计作品有果汁的肌肤系列。仿生设计"果汁皮"饮料盒，将水果的外表巧妙地运用在果汁的包装上，使人看起来就有想品尝的愿望。充分挖掘人们的潜意识，创造出有生活情趣的设计，使日本民族文化的细腻感情潜移默化地运用在设计中，不仅是将设计作为生活的一部分，更是将生活态度在产品中恰当地表达出来。

　　日本的民族文化和精神很好地展示了日本这个国家和民族的独特之处。日本文化的特点在于：从历史发展来看，日本自古深受中国文明的影响，到近代之后模仿和借鉴西方欧美文明，在不断吸收外来文化的同时展现出自己的民族文化内涵；从地理自然环境中因地制宜，从民族文化中得到养分。但还有很重要的一点，日本民族善于吸收外来知识，将外来知识消化，与本国本民族传统文化相融合设计出本土作品。他们的设计体现出禅宗文化的光芒，使设计艺术越来越有灵性，也使他们的设计文化反映出禅宗的谦虚品质和神道教的朴实美学；日本民族欣赏自然形成的"残缺"之美，这种"轻圆融，喜残缺"的审美习俗，也符合禅学"物体不完整的形态和有残缺的状态"的主张。同时又注重物体的"简素"之美，这也正是禅学中简素精神的体现。有人说，日本人是不畏惧变化的。换句话说，日本人一边爱着变化，一边孕育着文化。在这个背景下，细腻的日本设计诞生了。

日本设计如何在商业市场中获得一席之地？在日本这个以商业服务业为主的社会中，设计起到了举足轻重的作用。在设计上做出令人震撼、耳目一新的创举，将重心放在倡导自然朴质的生活方式上，也折射出日本文化对设计的深远影响。科技的发展日新月异，有设计师不愿让科技快速发展导致传统手工艺消失，从而将重点投向传统手工工艺，时刻提醒和牢记日本还是一个拥有文化积累的国家，要将发展缓慢的传统工艺以现代的方式呈现出来，让本土工业重换新生。这也体现出日本设计师肩负的社会责任，将民族文化特征体现得淋漓尽致。

3.6 中国蓄势智能制造启动工业 5.0

20 世纪 70 年代末，工业设计开始引入中国并得到了快速发展（见图 3-3）。从 1984 年柳冠中教授在中央工艺美术学院创建中国第一个工业设计系到现在，经过 40 年从无到有的发展，工业设计在中国已遍地开花，在某些领域已崭露头角并赢得了世界的瞩目和业界同行的赞誉。但由于我国与西方工业有 200 多年的发展断层，缺失了前三次工业革命的发展机遇，新中国成立后又长时间受西方国家的封锁围堵，因此对于工业设计思想理念发生、发展的过程并没有深刻的切身感受。尽管我国现在已建立起门类齐全的工业体系并成为世界制造中心，我国的工业生产线却大部分是从国外引进的舶来品，需要加强建立自己的工业规范、标准。因此，与发达国家的工业设计水平相比，目前我国还处在"消化、吸收"的成长阶段。

随着我国加入世界贸易组织并深度融入全球竞争，国内外进入买方市场，从国家、地方政府到企业对工业设计在国民经济及企业中的重要地位和作用认识越来越深刻，一些政策和举措也相继落地。发展工业设计是一个综合系统工程，需要我国上上下下共同努力，破立结合，廓清阻碍工业设计发展的体制、机制障碍。

近年来，在我国政府、企业和民间的共同努力下，由"中国制造"向"中国创造"的品牌提升初见成效。在"专利申请""商标申请""工业设计""高科技产品出口""创意产品出口""国内市场规模"等九项三级指标上，我国均位列世界第一。中国在"世界喜欢的产品和品牌"评分上，从 2021 年的 5.7 分提高到 2022 年的 7.9 分。在推动中国工业进入 5.0 时代，中国制造向中国创造转化的伟大进程中，科学技术所带来的工业"硬实力"和创新设计所推动的文化"软实力"同等重要。

面向未来，创造性仍然是工业设计的灵魂和核心，其中人起着决定性作用。工业设计人才的重要性要远远超越工业原材料的重要性，是一种稀缺资源，是能动的、有活力的，对工业发展起着牵引作用，是工业乃至整个国家国民经济发展的动力源泉（见图 3-4）。历史已经证明，哪个国家的工业设计水平高，哪个国家就占领了经济和社会发展的制高点。杨振宁教授对此曾预言，"21 世纪将是工业设计的世纪，一个不重视工业设计的国家将成为明日的落伍者"。

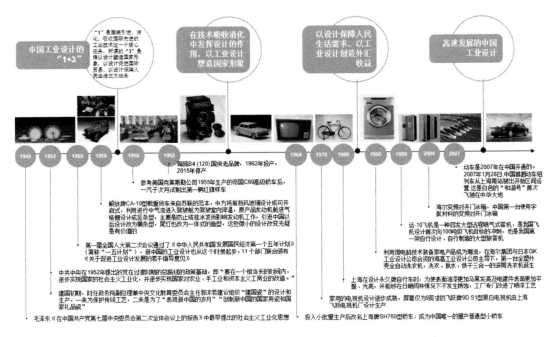

图 3-3 中国工业设计发展史示意图

- 建国初期，时任政务院副总理兼中央文化教育委员会主任郭沫若建议组织"建国瓷"的设计和生产，一来为了保护传统工艺，二来是为了"表现新中国的岁月""创制新中国的国家用瓷和国家礼品瓷"

- 解放牌CA-10型载重货车来自苏联的范本，中方将前挡风玻璃设计成可开启式，利用进行中气流进入驾驶舱为驾驶室内降温，原产品发动机舱进气格栅设计成竖条型，主要是防止挂冰凌而影响发动机工作，引进中国以后设计改为横条型，尾灯也改为一体式的造型，这些微小的设计改变无疑是有价值的

- 参考美国克莱斯勒公司1955年生产的帝国C69高级轿车后，一汽于次月试制出第一辆红旗样车

- 动车是2007年在中国开通的。2007年1月28日，中国首趟动车组列车从上海南站驶出开始区间运营，这是白色的"和谐号"首次飞驰在中华大地

- 从行业总体来看，我国新能源汽车发展势头良好，随着行业扩展，新能源汽车的品牌和种类会越来越多，同时可以带动我国总体GDP向上提升。在传统汽车领域，我国起步较晚，新能源汽车的发展可以促进汽车业技术转型，有利于我国汽车产业结构升级

图 3-4 中国工业设计的发力方向示意图

参考阅读书籍与文献

[1] 卞鑫童 .20 世纪初德国背景下德意志制造联盟对包豪斯的影响 [J]. 美术教育研究 ,2021(8):50-51.

[2] 陈庆锋 , 梁汉浩 , 孔嘉威等 . 工业设计对企业产品创新的影响 [J]. 科技风 ,2020, (11):14.

[3] 中国工业设计产业发展报告 (节选)[J]. 设计 ,2017(6):66-69.

[4] 深层解读 :IDSA 美国工业设计师协会 [J]. 工业设计 ,2017(1):38-39.

[5] 邹韬 . 工业设计新概念的解读 [J]. 智能制造 ,2015(11):23-24.

[6] 尹雷田帅 , 张健 . 从工业设计史看人类历史的进步 [J]. 知识文库 ,2017(1):30.

[7] 李畅 . 工业设计核心之 "道" :拨开历史脉络谈应对策略 [J]. 中小企业管理与科技 (上旬刊),2020(5):108-109.

[8] 王毅 ,YELLE. 以项目实践为导向的美国工业设计教育研究及其启示 [J]. 中国高教研究 ,2014(2):100-103.

[9] 彭宇昊 ."功能" 与 "人性" 并存的斯堪的纳维亚风格设计 [J]. 艺术教育 ,2015(8):297.

[10] 高雯 . 斯堪的纳维亚的人性化设计初探 [J]. 大众文艺 ,2012(17):114.

[11] 张元 . 论日本设计的民族文化精神 [C]// 国际设计科学学会（筹），东南大学，东华大学，上海交通大学 . 第二届东方设计论坛暨 2016 东方文化与设计哲学国际研讨会论文集 .[出版者不详],2016:7. DOI:10.26914/c.cnkihy.2016.002477.

设计思维

从产品设计的角度解读设计思维，作为设计的基础，可以辅助设计者有效建立对产品设计的初步认知，进而理解设计思维的目的、作用、研究内容和方法。在此基础上，建立产品设计的顶层思维，即设计战略，这将为设计指明发展方向与目标。

4.1 设计的思想基石

什么是设计思维？为什么设计思维具有极其重要的价值？设计咨询公司IDEO 将设计思维定义为："一种以人为本的创新方式，它是用设计者的感知和方法满足在技术和商业策略方面都可行的、能转换为顾客价值和市场机会的人类需求的规则，并鼓励人们像设计师那样思考并实践。"美国加利福尼亚大学设计实验室主任唐·诺曼认为："今天，设计师设计的是服务、流程和组织，仅有工艺技巧是不够的。我们需要基于证据来发现、定义并解决问题。我们需要表明主张是有效的。我们需要设计思维，这是一种特殊的研究，其方法要适合设计的应用性、建设性的本质。"可口可乐公司创新创业副总裁大卫·巴特勒推断："设计思维正从'解决问题'向'寻找问题'转变，而这正是如今这个高度连接、迅速变化的世界中，每一个公司都需要的，无论是创业公司还是跨国集团都是如此。"惠而浦南亚公司全球消费设计副总裁苏雷什·塞蒂相信："今天，作为设计师，我们正在探索新的前景：我们可以超越年龄限制，充分发挥创意，也就是说，我们要利用好设计思维。当代的设计师设计的是体验，而不仅仅是外观、样貌。"

对于企业而言，设计思维可以分析和总结未来设计势能的方向；对于设计团队而言，设计思维鼓励团队从社会生活的趋势中去观察人的行为与科技走向之间的关系，进而发现生活方式与生产模式在宏观和微观层面的变化在其中的决定性作用，由此推断，产品设计趋势也因"变化"而发生改变，同时，人的行为与思考逻辑存在的差异性也受到"变化"的影响。因此，设计思维帮助设计者找到设计创新的本质，即在变化中寻找机遇，在变化中抓住规律。设计的表层创新是将科技前沿、生活习惯、文化背景、艺术生态等相结合，而设计的核心始终是围绕未来生活方式与生产模式的势能变化进行研究。

设计思维关注从真实情境中寻找问题，它从理解人的需求出发，综合运用多领域的知识、方法和工具，最终生成具有创意的产品。全球诸多著名企业已经将"以人为中心的设计，（User Centered Design，UCD）"理论作为其企业创新的主要方法。UCD由诺曼教授在1986年出版的《以用户为中心的系统设计：人机交互的新观点》中提出。设计思维以用户特征、使用场景、用户任务和用户使用流程作为中心，将创造性思维引入开发产品的每一个环节之中。设计思维不仅要求设计者对用户如何使用产品进行分析与假设，还要求设计者在真实的使用环境中进行用户测试来验证、修正产品。

4.1.1 思考—思维—思想

理解设计思维需要从人的认知模式的底层逻辑开始建立逻辑，思考、思维和思想是三个与人的认知密切相关的概念。思考是思维的探索活动，是认识的起点，是思维的开端，具有线性与深度的特征。思维是在认识基础上，进行分析、综合、推理等活动的过程，是思考的过程，具有系统且立体的特点。思维是名词，思考是动词，思维是由动态的思考组成的，如用科学思维去思考问题等。思想来自思考，是思维的结构化、深度化、清晰化及系统化，是思维活动、思维发展的结果。思想从思考走向思维，从思维走向思想，三者三位一体，相互关联、互相作用，通过激活、交互、形塑，促进思考、思维、思想不断嬗变与升华。人的认知模式与设计思维同样以人为中心，结合人的切身感受、观察去进行后续的思考并建立思维。美国教育家杜威认为："体验是学习者自身目的、个体情感和已有经验的融合，是激发好奇心、营造学习情境、增强创造力和促进学习者成长的动力源，有助于激活思考力，促进认知发展。"在人的认知过程中，培养思维能力的关键在于将思考不断进行归纳总结，将思考获得的感受认知、感知认知、关联认知提炼出客观规律性认知，这便形成了思维。所以，思维是思考的母集，思考是思维的子集。从逻辑科学角度而言思维分为：抽象（逻辑）思维即理性思维、形象（直感思维）及灵感（顿悟）思维即感性思维、社会思维三个类别。设计思维融合了思维的三个类别，在设计行为中体现出理性的判断力和感性的情绪感知力双重特征。正是因为结合了抽象与具象、逻辑与情感，设计思维才能不断催生新的创意。总而言之，设计思维关注发挥创造性的思维，将科学、技术、文化、艺术、社会、经济等融入设计之中，设计出具有新颖性、创造性和实用性的新产品。

4.1.2 观察—体察—洞察

设计思维具有以人为本、协作、乐观主义、可视化、迭代、创新等特征，通过提出有意义的创意和想法，来解决特定人群的实际问题。设计思维的核心指导逻辑是双钻模型，由两个阶段完成其进阶：第一阶段寻找正确的方向，第二阶段做出正确的决断。双钻模型于 2005 年由英国设计协会创建，该模型提供了设计过程的图形表示。图 4-1 中的模型在两个相邻的阶段呈现四个主要步骤，每个步骤都有收敛性或发散性思维的特点。四个步骤包括：调研、定位、概念和传递。第一步，识别问题：发现与识别、研究和理解设计的初始问题。项目的出发点是初步的想法或灵感。第一步的特点是当团队打开一个解决方案空间，并研究各种不同的想法和机会时，会面对各种不同思维的差异化。这是设计发散的过程，在这个过程中团队对用户需求、市场数据、趋势和相关信息展开充分调研，并提出假设问题和问题陈述。第二步，界定问题：参与定义一个需要解决的问题。

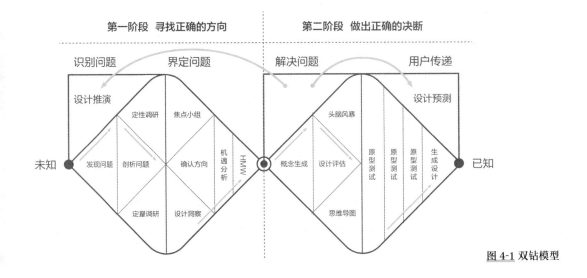

图 4-1 双钻模型

在第一步中团队保持发散思维，以识别问题、用户需求或一些技术方法，从而引导新产品或服务的开发。在第二步界定问题时需要对想法进行评价和选择，完成思维的聚合，为确定的想法或方向的组合、分析、合成设计摘要。第三步，解决问题：发展概念专注于并制定解决方案。在这个阶段，想法将被转化为一种特定的产品或体验，所使用的设计方法包括：头脑风暴、信息可视化、原型设计、测试和情景还原。第四步，用户传递：向用户传递设计成果，完成测试和评估为生产做好准备。这是设计的最后一步也是关键环节，团队需要传达以及交付设计成果，整个过程围绕最终概念、最终测试、生产和上市进行。在以上步骤中为解决特定问题而开发的产品或服务已经完成。应用双钻模型可以帮助设计团队、企业制定设计战略和实施方案，该模型促使设计者不断寻找更新的、更好的可能，以及有自信可以设计出更好的产品。因此，双钻模型将设计思维细化，从无形、抽象的思考进程转化为逻辑清晰、有迹可循的思维逻辑图，为设计执行与思维进阶奠定基础。

4.1.3 设计思维的本质：生活与生产

设计思维从用户中心的视角出发，以双钻模型为流程架构，围绕发现问题、定义问题和解决问题的思维逻辑执行设计。设计思维不但强化了跨界融合与实践能力的训练，在产业、产品、科技与生活之间形成有机的系统关联，而且致力于培养设计者主动完成识别 – 筛选 – 执行 – 传递设计的思维转化。同时，设计思维强化对设计目标群体的洞察力、同理心、思辨能力，以及企业服务的战略思维。从表层向内核去解构设计思维，可以细化出三个层面分别为：外部层面、内部层面和核心层面。从外部去思考设计思维会关注其解决设计问题的流程，由此形成发现问题、定义问题和解决问题的逻辑闭环。但是，具有一定设计经验的设计者会发现，在设计中真正的难点不在于解决问题，而在于肃清问题的根源，即找到"真正"的问题，再将问题以设计的视角加以描述来唤醒更多人的艺术觉醒，这将设计思维下沉至内部层面。当更多的设计者开始将思维从解决问题转向识别问题或挖掘问题的根源时，便到达了设计思维的核心层面，即在生活方式与生产模式的变化中去洞察设计的走向和趋势（见图4-2），所以设计始终以人为本，人的生活与生产行为因历史时代、社会形态、文化意识、地域结构、经济发展、政治因素发生的需求调整，才是决定产品设计形式、功能、结构、使用方式等的核心动因。明确了设计思维的核心，再去审视设计创新，将会从内向外地建立设计创新的内生逻辑。

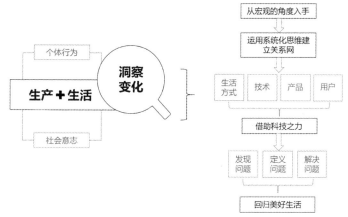

图 4-2 生活与生产中探析设计趋势

4.2 设计的思维体系

设计思维是一种对事物的预设和预判能力，其具有的两个主要功能是开拓创新、规划未来。"思辨设计"的提出者安东尼·邓恩教授主张："在现实的技术基础上，对未来社会和文化价值进行重构，在此过程中坚持批判和质疑的态度，与其被动式等待解决问题，不如主动出击，去发现潜在的问题和可能性。"设计是面向未来的展望，设计思维可以划分出底层逻辑和顶层思维两个维度，其中底层逻辑是找出本质关联，在此基础上，顶层思维的构筑可以赋能设计者敏锐的未来预测能力（见图4-3），底层逻辑与顶层思维在设计思维中分别对应的是"抽象概括能力"和"规则设计能力"。面对变化莫测的世界做出预测，需要从微观和宏观角度拆解生活和生产中的变化规律，而不是随着变化被动地做出抉择，这会影响和塑造设计者的思维模式和处世观念。在设计执行过程中，拆解复杂任务时，除了锻炼剥离表象发现核心问题的能力，还需要对任务抽象化，归纳出核心问题的解决路径。究其本质是培养设计思维的"能力场"，即通过了解创新的路径与工作方法，在生活和生产中释放设计的势能。值得关注的是，触发设计创新的关键均来自时代的力量。因此，在解读时代的过程中，预测和预判势能存在的场域，便可以用超越时代的视野去审视设计思维与设计创新。

设计是一种融合技术和艺术的创造性活动，它是人类为了达成特定的目标而进行的。技术和艺术属于不同领域的东西，技术思维属于理性，而艺术创作思维属于感性。设计其实就是把所有的因素都融入创意中，而且这些因素都遵循一定的规律来组合，并不是杂乱无章的。设计是把创作者的意境、意向、意念进行艺术化的体现。把各种设计进行专业化、集中化的体现就是设计思维。

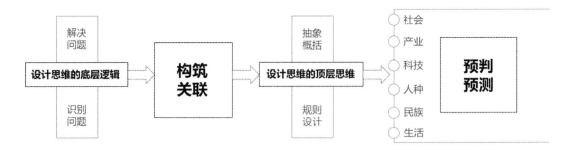

图 4-3 设计思维的底层逻辑与顶层思维

4.2.1 企业层面

现代企业需要改善传统设计战略架构思维模式，形成自己独特的设计战略系统，将整合设计思维模式应用到企业设计战略系统架构的研究中，并建立基本架构模型，结合模型，通过分析、推断进一步论证整合设计思维。这将帮助单一产品企业根据市场趋向和产品设计发展方向，重新调整并建构适合企业自身的设计战略系统，来应对多元化产品企业在未来市场中的挑战。

克劳迪娅·戈尔丁致力于企业的设计管理研究，2010 年，她在论文中指出："企业缺乏将产品服务、品牌设计、开发新产品市场和客户体验整合在一起的设计管理能力。"她认为设计管理为公司做出了贡献，并将设计导向的设计活动过程分为六个步骤：推动、研究、发展、战略、运用和评估。这为她日后完善DMAM 模型奠定了基础。DMAM 模型是在产品开发和创新过程中常用的一种方法。它由四个阶段组成：定义（Define）、测量（Measure）、分析（Analyze）和改进（Mend）。2011 年她基于吸收能力和动态能力的结构，提出了一个设计管理吸收模型来衡量新设计知识吸收的进展。在这个模型中，创新、战略管理和设计研究被连接起来，对国家支持项目的从业者、与企业设计实践合作，以及公司本身做出了贡献。这个模型将企业吸收设计管理过程通过五个维度反映出来：直接获得、同化、转化、待开发，以及对公司资源的影响。戈尔丁指出最后一个维度需要得到更多的关注。

此外，整合设计思维根据联想思维、发散思维和收敛思维的分析归纳而形成。联想思维帮助我们分析企业现有设计战略是否能够应对未来市场的变化，若应对不了企业将会被淘汰；发散思维帮助我们通过不同形式的思维方法去为企业制定适合未来市场的设计战略系统；收敛思维则帮助我们在制定面向未来市场的设计战略系统的过程中进行数据分析与细节梳理，最终帮助我们建立一套健全且相对成熟的战略系统以应对未来市场的变化。

4.2.2 地域产业集群层面

地域产业集群是指一定区域内，以某个特定产业为核心，形成一系列相互关联、相互依赖的企业和机构集聚的现象。产业集群的形成对于提升产业的竞争力、促进创新和协同发展起到重要作用。以中国为例，2023 中国百强产业集群显示，上榜的 100 个产业集群共汇聚 172.8 万家企业，其中有 1748 家上市公司、2419 家专精特新小巨人企业、44765 家国家高新技术企业。仅 2022 年中国百强产业集群内企业股权融资总额就达到了 2600 亿元，约占总体融资额的50%。2023 中国百强产业集群以中国 2000 多个产业集群为评估对象，从创新能力、发展潜力、聚集程度、绿色水平 4 个维度进行综合评估。从区域分布来看，在中国百强产业集群中，东部地区有 71 个，中部地区有 19 个，西部地区有 9 个，东北地区仅有 1 个；从城市分布来看，江苏省、浙江省和广东省三个地区集聚了近 50% 的产业集群。

工业设计是高科技含量的生产性服务业，是综合运用科技、艺术、经济等知识，对工业产品的外观、功能、结构、包装、品牌进行提升优化的集成创新活动。设计思维依据传统思维方法中的联想思维、发散思维、收敛思维形成，因此它与联想思维有着共同的功能属性，联想思维将在设计思维的引导下，为未来以地域划分的产业集群发展趋势分析提供理论依据。随着科技的迅猛发展与产品的不断更新换代，消费者对使用产品的需求越来越挑剔，以人为本的设计思想要求产品不仅要满足功能上的使用需求，还要更加关注消费者的心理诉求。例如，苹果公司的产品就是充分分析了市场发展趋向，结合消费者的诉求而产生的，它是苹果设计战略系统下的产物，它满足了当代消费者对市场的追求和推动。

地域性是以地理区位相区别，反映的是传统积淀所形成的地方特征，是指事物的地方特色、区域特色，或者可广推为地方文化、本土文化的地域特色。地域产业作为地域经济的重要组成部分，为地域经济及相关产业的发展提供优质的资源和发展动力。地域产业具有强大的联动效应，有助于推动经济结构的转变，增强地域软实力的发展。随着消费者对产品更高层次的追求与期望，现存市场必将成为过去，新兴市场也必将产生。企业对市场发展趋势的把握，对建构地域产业设计战略系统有着举足轻重的作用。设计思维通过联想思维的功能属性，依据过去与现存市场产品的发展路线，结合消费者的生理与心理诉求，分析判断产业将如何在全球化市场中独具竞争力。

4.2.3 国家层面

从当今全球经济发展来看，设计思维作为创新资源在国家竞争中发挥着越来越重要的作用。同时，设计思维也成为各国国家竞争力提升的重要组成部分。分析各国设计应用的发展趋势，已经从以往单一孤立的产品和物体，发展到整体的造物系统和社会体系，进而引发生活方式变革，甚至影响整体系统的架构。

国家设计系统与相关设计政策作为国家创新体系中的主要推动力，为包括政府、企业、研究机构与高校在内的系统主体，提供了强大的驱动和连接作用（见图4-4）。在国家设计体系与地区设计政策的推动下，国家设计创新能力通过转化形成社会生产力、经济驱动力和文化软实力。在中国经济的结构性改革和产业优化升级方面，未来设计产业将扮演关键推动力的角色。在国家设计能力提升与设计产业的发展中，国家设计系统与设计政策成为推动设计资源整合、完善设计发展环境、提高公众设计意识的关键性因素。在国际竞争日趋激烈的背景下，各国政府对设计政策的制定与实施极为重视，设计政策的总体数量增长与设计政策涉及范围扩大明显。

新一轮的科技革命和产业革命不仅带来了技术基础、生产方式和生活方式的变化，更带来了管理变革和社会资源配置机制的变化。世界各国都将推动发展的重心由生产要素型向设计创新要素型转变，创新设计成为国家在激烈的国际竞争中保持优势的核心。作为设计创新核心和国家设计系统的重要指导思路，设计思维推动了设计政策的形成和公众对设计创新的认知，同时鼓励设计服务在商业中的应用，从局部完善了创新基础系统，改善了创新发展的政策环境、商业环境和社会环境；设计教育质量的提升，培养出了更多高质量的设计从业人员，成为创新设计的主要载体；在设计支持活动中，设计思维、设计管理、设计创意助推企业的创新产出，充实了国家创新体系中的产出系统。从要素构成来看，国家设计系统的相关要素分布在国家创新体系的各项子系统中，且以国家创新设计能力为核心，成为国家创新体系发展的重要推动者。

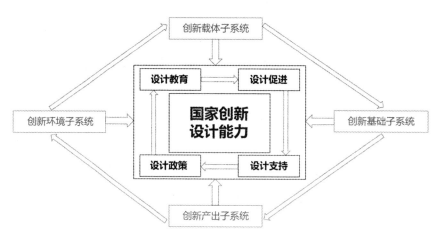

图 4-4 国家设计系统

4.3 设计的思量标准

设计技术越来越复杂、范围越来越广阔，设计师也越来越需要深入地理解日常问题。这促使他们跳出本专业，到其他领域中去寻找答案。缺乏定性与定量研究技能是当今设计师面临的一个基本问题。产业界依然需要掌握"老派技艺"（与设计软件相结合）的传统设计师，但现代社会更需要的是新一代的设计师，他们不光会设计产品，也会设计生活系统。例如，当代人所关心的全球性问题——经济危机、人口过剩、跨文化研究等，是不能单单凭借传统的设计实践来解决的。这些问题需要的是新的解决方案、创新性的概念、非传统的路径。基于新的理论，在当代设计实践中处理复杂问题的时候，定性研究与定量研究就变得尤为重要。

4.3.1 设计的定量研究

定量研究是一种通过数值和可量化的数据来得出结论的实证研究。换言之，这类研究所使用的数据是可以测量的，也是可以被单独验证的。定量研究中的结论或基于实验，或基于客观系统化的观察和统计。因此，这类研究常常被视为"独立"于研究者，因为它依据的是对现实的客观测量，而非研究人员的个人阐释。定性研究是用于构建新理论的深度研究，定量研究则与此不同，主要用于简化和归纳事物，描述特定现象，以及找出"因果关系"。

定性研究用于开发新理论，而定量研究则主要用于两件事：测试或验证现有理论；采集统计数据。由于这样的特性，定量研究主要关心根据系统观察或数值数据的收集来衡量态度、行为和观念，使用收集来的数据来证实或推翻一些理念或假设。分析和结论都是基于理性推理的，这是一个逻辑过程，需要反复地观察某一现象，基于事件发生的高概率或可预见性最终得出结论。

与用来构建新理论的定性研究不同，定量研究常用于生成新的统计数据、描述特定的现象，或辨识因果关系。定量研究常常被描述为"独立"和"客观"的，因为它依靠的是实证的流程，使用数值数据和可量化的数据来得出结论。这点与定性研究截然相反，因为定性研究的结论常常是基于主观阐释得出的。

开展定量研究的方式有两种：第一种是外部的，是在田野工作的自然场景中研究；第二种是内部的，是在研究设施内部的可控环境中进行。无论选择哪一种，都要从与研究相关的特定人群中随机地选择参与者。对定量研究的新手来说，需要在研究过程中遵循所谓的"科学方法"，这类研究常用于市场营销，在设计领域中也获得了广泛的认可。如果要在企业环境中展示设计方案，这种研究就特别有用，因为大多数企业习惯看到来自各类市场或商业报告的定量研究，这类研究是其乐于接受的。以数值的形式将定量研究呈示给企业，常常能让其更好地理解设计，并将设计视作一种战略投资。

4.3.2 设计的定性研究

对定性研究最好的描述就是"深度研究"。如果课题的相关信息不多，或者变量未知，又或者相关的理论基础不足或缺失，就可以使用这类研究。在大多数情况下，定性研究是用于构思一般的研究问题的或针对已研究的现象提出一般的疑问。定性研究从各类来源中收集各种数据，也从多个角度检验数据。因此，可以说，定性研究的目的是为复杂多面的情境勾勒出一幅多彩而有意义的图画。

在优秀的定性研究中，研究议题能够凭借数据收集和数据分析的方法论驱动研究的目的。研究方法必须是严谨、准确和透彻的，并且在研究的一开始，研究人员就已经开诚布公地表明自己的假设、信念价值和可能的偏见。此外，研究人员也能够在整个研究过程中保持客观的立场。

如果新的数据与先前收集到的数据相冲突，研究人员就需要对其所做的假设和阐释做出调整。研究工作本身也能显示出，研究的对象已经在各方面都得到了考察。这也就是说，研究人员已花了大量的时间来研究问题的所有细节，因此这项研究是完整的、多面的。还有，这项研究的发展前后是一致的，而数据中所有的自相矛盾处都已得到了检验和调和。

定性研究是一种深度的研究方法，在需要对一个课题加深理解的时候，就可以使用这种方法。这种研究首先是基于开放性的议题和对数据的阐释。因此，这种研究包含了各种形式的数据，其来源也多种多样，并且从各个角度都得到了检视。与任何形式的研究一样，定性研究需要周密的计划和大量的准备工作，这包括要对先前同一或近似课题的研究有深刻的理解。

如果想要理解某些情况、场景、流程、关系、系统或人，可以使用定性研究，也可以在真实世界中用它来检验某些假设、主张、理论和分类的有效性，或者判断某些政策、实践或创新是否具有效用。由于定性研究有能力处理复杂的问题，它对设计师来说非常有用，尤其是在构建对当代问题的理解时。

参考阅读书籍与文献

[1] 戴青婷. 基于设计思维的设计管理研究：中小型企业设计管理方法探索 [J]. 艺术品鉴 ,2017(2):31.

[2] 李立全. 整合设计思维在单一产品企业设计战略系统中的应用 [J]. 设计 ,2013(2):174-176.

[3] 曹阳 , 杨洋. 基于工业设计的地域文化产业创新研究 [J]. 包装工程 ,2015,36(22):104-107.

[4] 徐晓冬. 国家设计系统建构视角下的设计政策比较研究 [D]. 山东工艺美术学院 ,2020.

[5] 林晨. 创业企业设计思维型商业模式构建 [D]. 山东财经大学 ,2019.

[6] 穆拉托夫斯基. 给设计师的研究指南：方法与实践 [M]. 谢怡华 , 译. 上海：同济大学出版社 ,2020.

设计战略

在理解设计思维的基础上，建立产品设计的顶层思维，即设计战略。设计战略是企业进行企划事业和制定发展目标宏观层面的方法与对策，其核心是创新，通过设计指明企业未来发展的转型方向。

5.1 设计战略的价值

唐纳德·诺曼在《设计教育必须改变》中说："如今是一个传感器、控制器、电机和显示设备无处不在的世界，设计的重点已经转移到了交互、体验和服务上，专注于组织架构和服务设计的数量也变得与实体产品设计的数量一样多。新兴的设计师必须懂科学与技术、人与社会，还要会运用恰当的方法去验证概念与提案。他们必须学会整合政治问题、企业战略、运作方式和市场营销。"课程中对产品设计战略的学习不能功利性地专注于企业策略能力的培养，而是要以一种基础性的、通识的方式，通过设计实践与实地企业考察，潜移默化地体验产品设计战略的价值与影响力。

从设计战略的角度看，设计师的思维能力需要囊括的四要素是：视觉可视化、原型迭代力、整合思维、价值构建（见图5-1）。要素一：视觉可视化，除了绘画、图片、模型、摄影等，还有隐喻、讲故事等方式。要素二：原型迭代力，设计师会借助工具，将抽象内容具体化，中间不断地推敲和打磨，最终呈现出满意的方案，这个过程就体现了原型迭代力。要素三：整合思维，也称为跨界思维。设计的整合思维是人文和科技的路口，优秀的设计师能在多学科的交叉点中找到完美的平衡点，从中打造出作品。要素四：价值构建，是将企业的系列产品作为企业文化输出的重要载体，设计者需要站在宏观的角度去构建整个企业的文化生态体系。

　　站在整体的、宏观的角度去思考企业、产品的发展与走向。企业是以生产为单元，通过资本运营的社会性生产组织，它需要在市场上争夺利润空间，所以对竞争者的分析与对策研究对于企业发展十分关键，同时还要注重市场与产品的趋势，对趋势的预测注重人的观念与需求。众所周知，设计是以人为本的，设计者善于从人的角度去思考"物"的创造过程，而现在的产品可涵盖实体和虚拟不同的类型，需要将实业、信息、技术、材料、媒体等因素高度整合。

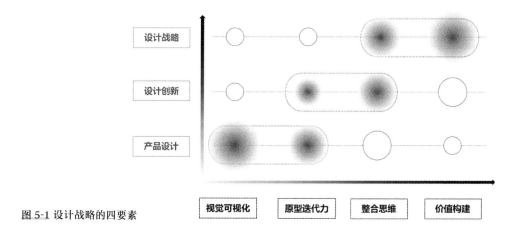

图 5-1 设计战略的四要素

5.2 战术层次与战略层次

　　产品设计战略可分为三个层次，宏观层次是设计战略管理，中观层次是设计组织管理，微观层次是设计执行管理（见图 5-2）。在宏观层次，利用设计策划者和企业内部的创意人员来构建企业价值文化生态系统。在中观层次，在从企业的数据库和方案库中使用用户型数据和设计方案的同时，不断纳入新的设计到两库之中，组织设计创新。在微观层次，协同设计执行者根据客户要求完成设计项目。

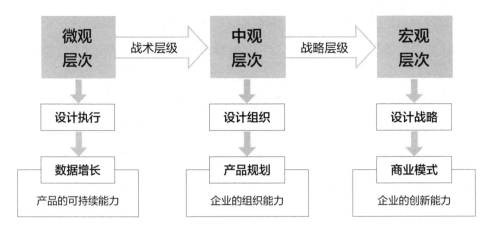

图 5-2 设计战略的三个层次

在微观层次，具体的产品设计是传统意义上理解的设计。具体设计关注产品的造型、外观、形式、风格、语义和美感。在中观层次，设计组织的重点是发挥跨界思维和整合创新的能力。正如《商业设计：通过设计思维构建公司持续竞争优势》的作者罗杰·马丁教授所提的："使用设计师的思维和方法来满足人们的需求，同时技术上具备可行性、商业上具备可持续性，并且能转化为新价值及市场机会"。在宏观层次，设计战略要上升到企业创新战略和文化输出层面去思考企业、行业未来的走向。设计战略是一种由内而外创新和构建意义的能力，为企业不断打造新的增长曲线，实现转型升级。

产品设计战略是从战略的角度去看待产品，这里涉及两个概念：战略与战术。从战略的角度和战术的角度去看待产品设计存在着思维层次的差别，所谓战术相当于设计方法的研究，在设计中会与产品或者器物进行互动，并指导其实现某种功能或意图；而战略的重点在于从更为宏观的层次去引领设计的组织形态创新。所以，战术在设计的器物层发挥微观作用，而战略在设计的组织层发挥更为宏观的作用。

整个世界是在不断变化的，设计师在变化中不断吸取来自艺术和科学的知识，并在变化中不断实现我们所创造出来的物的更新换代，而内在的动因会转化为外在的条件，作用于设计的战术与战略层次。从社会层面上去思考设计创新是具有战略性意义的，用户愿景与现实条件形成的反差，往往会引发设计创造的动因。所以要善于思考生活方式转化背后的隐藏原因，这一步对于设计是十分关键的。

5.3 设计战略与设计创新

设计战略的组织架构开始向两端发展。一端向着系统层级的产品设计创新寻求源泉，另一端朝着基础性的设计研究方向展开深化。企业对设计的要求越来越高。设计研究开始位移到对目标人群生活形态、品质鉴赏和消费趋势等更深远的主题上来。为了进行产品设计创新，设计师和市场人员、工程技术人员组成跨界的团队，利用设计创新的工具和方法，洞察、调研并发现客户的需求，制定人物画像，通过头脑风暴、用户体验流程图、原型制作等方法，收集创意、定义产品，通过原型呈现和数字化工具实现创意导入，从而为企业提供可持续的创新力。

图 5-3 中展示了设计战略与设计创新之间是一个相互扶持、相互促进的关系。设计战略在企业中的作用与地位发生变化，也会引发企业在其产业链架构和发展模式上的变化。对于企业而言，产品的外观颜值、用户体验很重要，即使在经济处于各种不稳定的时期，企业对设计的需求也未曾减少。当所有企业都开始重视设计的时候，设计创新的价值就会越发突显，以避免设计变得千篇一律。就如企业竞争的初始阶段，将质量视为第一要务，采用了全面质量管理模式。然而，随着制造业水平的不断提高、优胜劣汰，质量已经成为企业的标配，不再是提升企业核心竞争力的主要手段了。具体设计也是企业竞争的标配。因此，产品设计战略驱动企业进行持续创新，进而为企业带来可供输出的文化价值和产品竞争力。

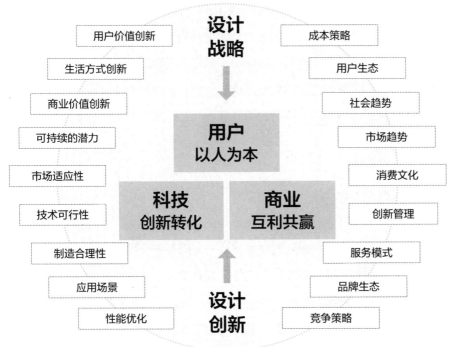

图 5-3 设计战略与设计创新的关联

5.4 企业企划事业的新路径

产品设计战略是企业发现新价值的创新战略，站在我国的角度去思考未来的产品、企业、社会、生产、文化之间的关联，简而言之就是产品设计与地域情境的关系研究，落实到具体便是产品的造型设计与认知系统研究。在面临人口老龄化、资源能源枯竭及环境污染等挑战，以及新材料、新技术、生物工程、互联网、大数据等大发展的机遇下，在全球化视野和国家战略指导下的设计战略化阶段，将促使"分享式服务型的社会设计"的"国家设计体系"诞生。"国家发展需求"将主导工业设计产业发展。我国需尽早规划工业设计产业在国家产业战略布局中的角色，尽快制定我国工业设计发展战略，明确目标、路线、组织、策略、方法、工具及设计教育、职业培训和人才梯队建设的规划，建立我国工业设计的"社会系统机制"。

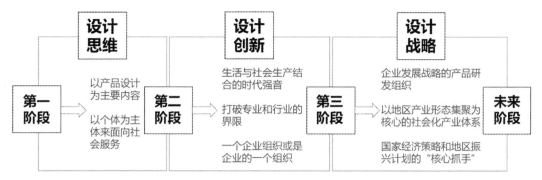

图 5-4 设计思维、设计创新与设计战略的关联

设计战略的本身不是设计而是战略，即企业如何运用设计理念和设计创新的方法来制定企业的创新战略。这是企业推出产品的必经历程，并且实时地发生在现实生活、市场环境之中。那么，使用者的文化背景和社会因素会映射在产品之中，形成意象观念与具象形式，这些作为分析和调查整理对象，对设计方向的把控意义重大。同时，战略本身就是一个动态平衡和迭代的过程，创新又需要和企业自身情况和战略发展结合到一起，形成一个好的战略（见图5-4）。

参考阅读书籍与文献

[1] 蒋红斌.大数据平台上的企业设计战略：以维尚集团的设计实践为例 [J].装饰,2014(6):36-39.

[2] 蒋红斌.生态理念引领设计战略 [J].设计,2015(22):40-47.

[3] 张楠.设计战略思维与创新设计方法 [M].北京：化学工业出版社,2022.

[4] 陈鹏,周玥.设计思维与产品创意 [M].北京：清华大学出版社,2020.

[5] 米罗.完美工业设计：从设计思想到关键步骤 [M].王静怡,译.北京：机械工业出版社,2018.

[6] 柳冠中.设计与国家战略 [J].科技导报,2017,35(22):15-18.

单元二

产品原型创新

2

生活方式的势能

经济发展模式的转化、人们生活价值取向的变迁和工业化生产方式的结构优化与转型形成了触发设计创新的内驱力。理解设计创新的核心是围绕实际产品设计来分析生活方式的变化，进而研究催生设计产生的社会意识形态与价值观念。具体方法是观察与掌握人们的生活方式中出现的新变化和新趋势。然而，单纯观察只是设计创新的开始，还要沉浸在生活之中，将对用户的体察转化为设计机遇与需求，构成驱动设计创新的持续性原动力。

6.1 观察和参与生活活动

要想了解生活场景中用户的现实需求和行为习惯，大多数设计者的第一反应便是利用调查问卷。作为用户行为与喜好的量化研究工具，问卷调研已经从实地性研究转向更为便捷的线上平台。例如，许多设计师在发布新的概念产品时，会利用社交软件发布线上问卷收集建议。这种模式不但节省时间，而且获得用户反馈的数量也得以增加，但是对于问卷所收集的用户反馈的准确性，设计团队要持以谨慎的态度，因为这将影响后续对设计定位和执行的方向。

如何才能获得准确的用户信息，建立真实的用户心智模型？设计者可以尝试对几种常规用户调研方法进行排序（见图 6-1）。第一步，观察。一般要求设计者对目标群体进行实地走访，在真实的情境中去体验用户的生活，理解他们做出某种行为背后的动机是什么。有经验的设计者在观察用户的过程中很仔细，并时刻保持着好奇心。在好奇心驱使下，设计者会发现许多被大多数人熟视无睹的

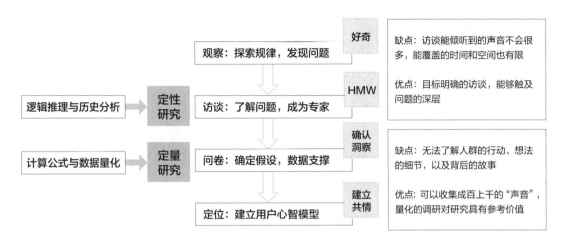

图 6-1 设计调研的逻辑

生活细节。例如，走在公共场所，你能找到多少公共设施被涂成红色？它们为什么是红色的？这对人们使用有什么帮助？红色会给人带来哪些心理暗示？想了解这些问题，与其询问，不如先自发地观察和思考，在此基础上，探索事物的规律，并将有意义、有设计价值的问题记录下来。第二步，访谈。基于观察获得的规律与问题会带有较强的主观倾向，这时候利用访谈可以为这些问题找到答案。许多设计师在访谈时面对用户一片茫然，即便是结构性访谈，在真正与用户交谈时，也会意识到自己之前预想的问题或预想的访谈结论与真实情况相差甚远。当然，用户访谈的价值就在于尊重用户的真实想法，去除设计者"想当然"的设计结论。如果没有在访谈之前，发现有价值的问题，甚至将怎么寻找设计痛点或创新机遇的任务推卸给用户，这必然导致访谈的结果达不到预期。所以，在访谈之前的观察至关重要，带着有效的问题进入访谈环节，多以 HMW（How Might We，我们如何能够）的提问方式引导用户就设计核心问题进行思考，将在有限的用户交流时间内获得有价值的反馈信息，并确认你的发现能否获得用户的认同。然而，访谈法是定性研究的主要工具，受时间、地点、人员数量等客观条件的限制，即使访谈中的全员通过了你的设计想法，也不能直接跳转至设计定位和执行环节，接下来的定量研究将用于保证设计观点的客观性。第三步，问卷。经过观察发现问题，通过访谈确定核心问题的价值，之后的问卷将利用量化数据来证实设计解决方案的大众认可度。这个环节的问卷框架具有很强的针对性，同时要注意无论线上还是线下发放问卷，都要保证问卷的填写者是接下来设计的目标用户或者潜在用户，进而对问题结果统计并量化数据，作为第四步定位的客观依据。第四步，定位。通过观察、访谈、问卷调研后建立的用户心智模型具有一定的客观真实性，可以帮助设计团队建立用户同理心、理解用户需求、启发用户行为。

图 6-2 是关于壁挂式洗衣机在使用环节中相关问题的观察、访谈和问卷调研。设计者以第一观察视角模拟使用并进行行为过程记录，找到多个引发用户困惑的关键时刻，进而通过访谈去获得目标用户对所发现问题的认同，接下来利用问卷获得更多使用者的支持，并将量化结果作为后续设计方向的客观支撑。

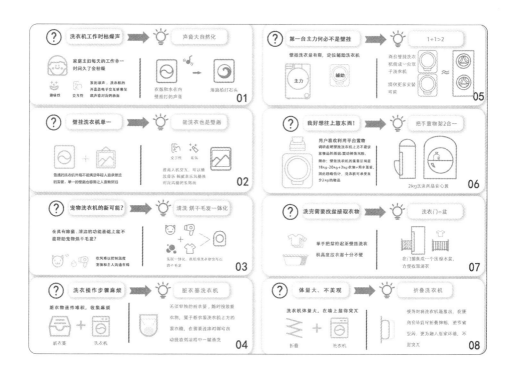

a)

图 6-2 设计调研的案例分析示意图（设计者：江若琪）

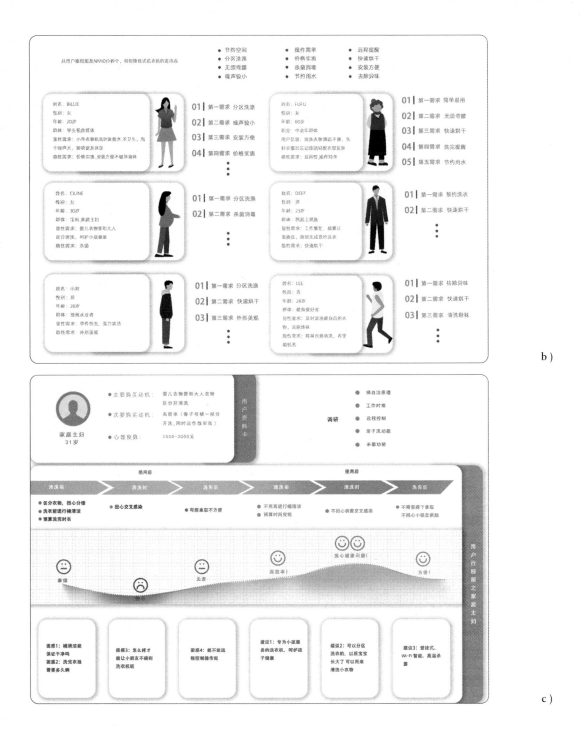

图 6-2 设计调研的案例分析示意图（设计者：江若琪）(续)

6.2 识别设计的目标群体

利益相关者的概念最早在 1963 年斯坦福研究所的一次内部备忘录中被使用，后来其定义被完善、整合为："利益相关者是对项目本质有合法利益的人。"利益相关者地图可以作为一种设计研究工具，旨在阐明与设计问题相关联的人与他们之间的关联。通过对关联人员的发散、分类，评估他们对项目的影响力和重要性（见图 6-3）。

通过分析组织或个人的相互作用与联系，找出对项目最重要的某个或多个主要群体。制定利益者相关地图可以让参与者的信息可视化，进而找到与项目产生正面甚至负面交集的利益群体。图 6-4 为沈阳工业文创产品设计项目的利益相关者分析示意图。该方法可以帮助设计团队找到与项目相关的群体、听到不同的声音和见解、了解设计项目中的不同群体的需求，并与之交流、建立同理心模型，为接下来的研究和设计开发顺利进行做好准备。文创产品设计开发具有很强的地域性和特征指向，因此相关利益者通过集思广益参与设计的各个环节，可以规避如设计无法满足目标用户购买意向等可能出现的风险。根据设计涉及的利益相关者类型，设计团体将所有存在相关利益的人员进行汇总，经过多次探讨并对其进行分组，其中不但包括目标用户，还涵盖了从中受益者（工业创意产业园的经营者、个体经营商户、线上推广营销平台、周边商业机构），拥有权力的人，可能受到不利影响的人（周边居民），可能参与设计的人（高校师生和专家学者）。随着不断细化利益相关者，并在设计目标与参与人员的"黏度"方面进行评估。用户黏度根据 DAU/MAU 的公式来计算，DAU 即日活跃用户数，MAU 即月活跃用户数。比值越趋近 1 表明用户活跃度越高，在比值低于 0.2 时，应用的传播性和互动性将会很弱。最终将参与人员按关联紧密度分成：核心人物、关键人物、参考对象三个层次，方便设计团队吸收和邀请核心成员。

值得注意的是，通过利益相关者调研的关键不是在挑选能够代表大多数人呼声的人，而是寻找对目标设计问题有着强烈情感和独特想法的人。这样的人不一定是对项目有益的人，也许他们会成为项目执行的干扰者。因此，他们才是接下来用户研究的"关键对象"，也称为"极端用户"，因为这些人往往会受相关事件的影响更大，并能决定设计项目的走向。

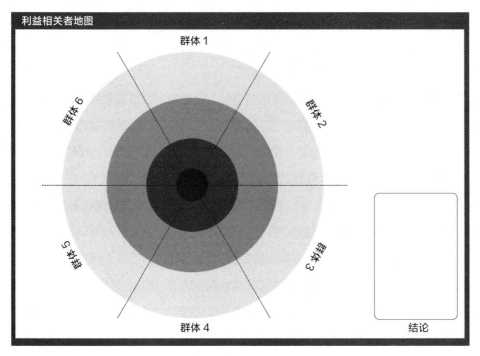

图 6-3 利益相关者地图模板

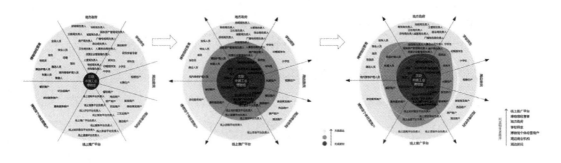

图 6-4 沈阳工业文创产品设计项目的利益相关者分析示意图

6.3 对目标群体细化层次

对生活方式的研究需要聚焦在生活环境中的不同群体，他们与日常生活用品发生着多重联系，便被称为用户。把用户按照以下分类划分：用户－使用者、用户－消费者和用户－拥有者（见图6-5）。首先，用户－使用者。一般要完成某些主动进行或被动接受的任务。这些任务是由日常物品使用方式决定的。他们与产品的某些部分进行即时或延迟接触，实施一些或复杂或简单的操作，有时候会产生一些不如意的结果。这些操作构成的任务要求他们具备生物能源、心理感觉和精神智力方面的能力。使用者需要在工作中做一些手势和采取一些姿势，根据他们从自身、产品或者环境中感受到的信息进行控制。在执行操作的过程中，他们与周围环境进行交流的两个"主要要素"是能量和信息。他们要在一定的空间和时间内感知、领会、预估、决策和行动。然而，使用者不一定是产品的消费者或拥有者，他们可能是家庭主妇、操控医疗设备的医生或护士等。与他们发生交互的产品一般提供公共或私人服务。

其次，用户－消费者。具有消费、利用或者享受目标产品而得到的服务或结果的人。对于共享使用的产品，人们的要求不会过高，然而一旦涉及购买该产品，他们一般都会希望产品价值高于自己的心理预期，例如有更好的性价比、更多重的功能、更精美的产品形象等。一般来讲，消费者需要全部或者部分承担产品的费用以及其递延费用。对于日常物品及其享受的获取，基本上可以以财务方式表现（价格、租金、分摊、税费等），消费者要花费金钱、时间和精力。对于一个榨汁机、割草机、火车上或者停车场的一个位置、高速公路进入权的获取者来说，除了必需的费用支付，还需要为随之而来的其他操作花费时间、金钱和精力：如信息查询、排队、填表、支付方式，以及出错时的花费等。因此，他们对购买的产品会提出更高的要求，在设计时需要根据产品的有限资源：寿命、示能和物质构成，来对成本做出满足消费者预期的预算。

最后，用户－拥有者。他们对产品或产品提供的服务所产生的结果拥有支配和收益的权利。产品需要满足他们生物的、情感的或者社会层面的需求，以一种广义活动范围中要采取的行动的方式表达出来。拥有也意味着私有某件产品，激发用户想要拥有一个产品的期望。这个活动本身被认为是一种高级需求，同时设计难度也超过前面两类。

除此之外，从利益相关者的角度，非受益者用户的权利在设计过程中也应当受到关注。有时，非受益者暴露在日常物品带来的有害影响、意外风险或者任何性质的损害之中。例如，"沉浸"在使用割草机噪声中的邻居，或者淹没在城市交通中的步行者和居民，在某些烟雾缭绕的会议中的非吸烟者，生活在被下水道污染河流中的生物等。米歇尔·米罗认为："实际上，现实生活中不同类型的用户很少以这么界限分明的方式存在。他们的特征是，由具体使用情况下相对应的使用者的众多特点组合而成的。这些不同类型的使用者，通过赋予或多或少的重要性给他们某些需求，结合某些人为的、社会的、生态的或者经济的因素，参与使用关系当中。"

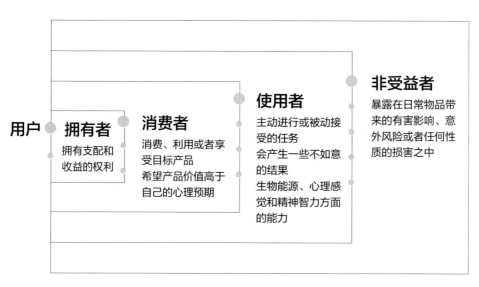

图 6-5 用户分类

6.4 认清群体的需求与期待

对于今天的用户而言，需求和期待在设计中的预设是有明显划分的，KANO
分析法将需求与期待又细化出 5 个类型，该方法是东京理工大学教授狩野纪昭
针对用户需求分类和优先级排序发明的工具，用于体现产品功能和用户满意度之
间的非线性关系。KANO 分析法可以为用户需求建立不同层级，进而明确哪些
层级是设计的重要突破。KANO 分析法将需求分为 5 个层级（见图 6-6），即
基本需求 M（Must-be Quality）、无差异需求 I（Indifferent Quality）、逆向
需求 R（Reverse Quality）、期望需求 O（One-dimensional Quality）、魅
力需求 E（Excitement Quality）。其中 M 与 I 是最基本的，而 O 是真正达成
用户满意的基础层次，E 则是提升用户满意度的高级层次。

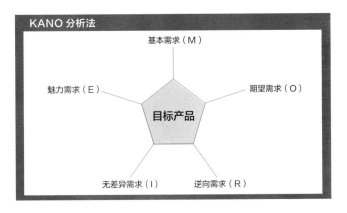

图 6-6 KANO 分析法模板

将 KANO 分析法提供的五项需求所带来的用户满意度进行对比分析，其中包
括基本需求、无差异需求、逆向需求、魅力需求和期望需求。图 6-7 进而将五项
需求整合成三项主要需求，包括基本需求、魅力需求和期望需求，而负面需求不会
促进用户满意度提升，因此，在分析中将其规避。

第一，基本需求（M）。对于用户而言，这些需求是必须满足的，当不提供此
需求时，用户满意度会大幅降低，但优化此需求，用户满意度不会得到显著提升。
对于这类需求，需要设计者不断地调查和了解用户需求，并通过合适的方法在产品

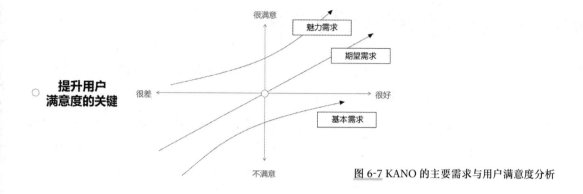

图 6-7 KANO 的主要需求与用户满意度分析

设计中体现这些需求。第二，无差异需求（I）。用户根本不在意的需求，对用户体验毫无影响。无论提供或不提供此需求，用户满意度都不会有改变。第三，逆向需求（R）。用户不想要此项需求，提供后用户满意度反而下降，而且用户对产品一旦产生负面情绪，造成的持久性影响和大范围扩散会给企业和产品带来极大的负面影响。第四，期望需求（O）。当提供此需求时，用户满意度会提升；当不提供此需求时，用户满意度会降低。它是处于成长期的需求，也是客户、竞争对手和企业自身都关注的需求，体现了产品的竞争能力。对于这类需求，设计者要注重提高产品的核心质量，力争超过竞品。第五，魅力需求（E）。这类需求往往是用户意想不到的，需要设计者主动挖掘和洞察。若不提供此需求，用户满意度不会降低；若提供此需求，用户满意度会有很大的提升；当用户对一些产品或服务没有表达出明确的需求时，企业提供给顾客一些完全出乎意料的产品属性或服务行为，使用户产生惊喜，用户就会表现出非常满意，从而提高用户忠诚度。这类需求往往代表顾客的潜在需求，设计者需要寻找、发掘这样的需求，提升产品的竞争力。

图 6-8 为空调产品的 KANO 需求分析示意图，首先，设计团队对概念空调设计案例中相关联的设计特点与关键信息进行提取；然后，将设计特点关键词与用户需求相对应，清晰描述用户对未来空调产品的各项需求；接下来，设计团队利用 KANO 分析法将需求进行五项分类，并重点关注魅力需求和期望需求；最后，根据基本需求为下一步的设计创新做出规划。

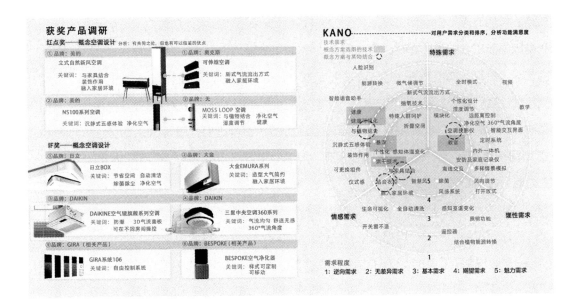

图 6-8 空调产品的 KANO 需求分析示意图

6.5 区分同情心与同理心

设计者误解用户的真实含义而做出错误判断，这样设计出来的产品是日常生活中人机互动发生摩擦的主要原因之一。由于家庭背景生活方式、价值取向、情境等多方面的差异，人们的想法和行为也各不相同。获得用户洞察和建立用户心智模型将成为设计创新成功的基石。如何从了解用户上升为理解用户，最后获得用户洞察，这需要设计者拥有敏锐的共情能力和建立同理心。然而，如果把同理心和同情心混为一谈，那就不能建立正确的同理心地图和用户心智模型，让设计获得用户的共鸣。

同理心，又叫作换位思考、共情能力，是站在对方立场设身处地思考的一种方式，即在人际交往过程中，能够体会他人的情绪和想法、理解他人的立场和感受，并站在他人的角度思考和处理问题。同理心要求在设计过程中建立用户视角，清除原有的假设、原则和思考方式，以识别关键需求，要时刻提醒自己设计的中心是用户而不是自己。同情心是指对人或事件的觉察与同情感。同情是指对他人的苦难、不幸会产生关怀、理解的情感反应。同情以移情作用为基础。狭义的同情常常针对弱者、不幸，而且偏重于同情者本身的情感体验，常常带有过多的主观成分。同理心与同情心的对比分析（见图6-9）。同理心把设计的主人公设立为用户，始终用平等的视角去解决问题；同情心将自己的意志强加于用户之上，去为他们做决断。

《设计思维手册：斯坦福创新方法论》一书中推断："整个社会的同理心能力似乎越来越弱，很可能因为在这个以成就为导向的社会中，我们面临着持续优化自身的压力。"那么，如何在设计中跳出同情心，用同理心去思考？关键在于建立正念，具体呈现方式是同理心地图。正念是大脑的基本能力，但是这种能力却在日常生活中被抑制，因为人们总是追求多项任务并行。正念既可以向内求也可以向外求，当人们注重当下时，调动所有感官会以不加评判的方式感知状况，这便是建立同理心最好的时机。正念强化做事的专注性和一心一意，因为培养同理心和情商时，正念能够刺激并促进创造力，于是它成了提高认知技能的基础，也成为设计思维的重要部分。同理心地图是对用户多个维度的理解，用于解释用户的行为，以便设计者更好地与用户达到共情，从而做出用户认可的产品和设计方案（见图6-10）。同理心地图的制作分为两步：第一步是收集用户所听、所说、所想、所做、所感等信息，并在图中进行可视化呈现；第二步是通过以上信息对用户痛点和用户收获进行分析。一般情况下，如果第二步的分析准确度和用户认可度比较高，是能够对接下来的设计方向起到指引作用的，设计者可以根据痛点问题创造更理想的解决思路。图6-11是为老年患病者提供更好的医疗资源的设计项目。其中在进行用户调研时，基于对用户的实地观察、深度访谈所收集的一手资料，经过分析总结，通过同理心地图加以呈现，以此作为设计者与用户共创设计的依据，去执行设计的各项具体任务。

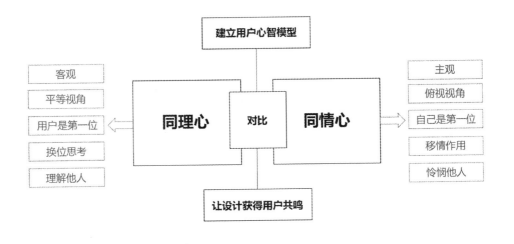

图 6-9 同理心与同情心的对比分析

图 6-10 同理心地图

■ 同理心地图

图 6-11 老年人的同理心地图

6.6 个体与社会的心智影响

在社会生活中，影响用户做出产品判断的因素众多。同样的，影响设计者呈现最终产品形式的因素也需要进行解析。例如，用户与产品设计者所生活的地域特点，原生家庭情况，所从事的工作性质，所处的年龄层次，受教育的程度，道德、法律与宗教约束，社会历史、传统文化影响，所处国家、地区的经济政治形势等，归纳起来构成两个大的方面：个体意识（自我中心主义）与社会意识（社会中心主义）（见图 6-12）。在判断用户与设计者行为的过程中，要用理性思维、思辨思维客观评价这两种意识，才能找出影响用户行为和产品形式的客观规律。正如理查德·保罗在《思辨与立场：生活中无处不在的批判性思维工具》一书中讲的："没有看透纷繁复杂问题的智慧，就不能对问题的各个层面进行分析，也不能界定和获取我们解决这些问题所需的信息，我们就会像漂浮于茫茫大海般晕头转向。强大的理性思维工具，能够助你提升思维的品质，厘清自我，洞悉他人，看透世界！"

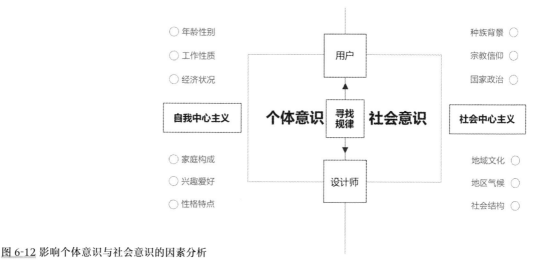

图 6-12 影响个体意识与社会意识的因素分析

　　其一，个体意识（自我中心主义）是以自我为中心来看待现实的倾向。生活在社会中的每个人都在某种程度上怀有自我中心偏见。美国迈阿密州的专栏记者戴夫·巴里认为："不论年龄、性别、宗教信仰、经济状况、种族背景，全人类的一个共同点是，在内心深处我们都认为自己高人一等。"其二，社会意识（社会中心主义）是指以群体为中心的思维方式。正如自我中心主义会因为过分关注自身而无法理性思考一样，群体中心主义则会因为过分关注群体而无法理性思考。群体中心主义会通过很多方式来影响用户行为与设计执行，其中最重要的两种就是群体偏见和盲从因素。群体偏见是指认为自己所在的群体（如国家、种族、教派、同伴等）要比其他群体天生优越的认识倾向。正如法国哲学家、数学家、物理学家勒内·笛卡尔所说："习俗和范例比所有调查得来的结论都更有说服力。"同时，大多数人通常从很小的时候，就开始潜移默化地受到盲从因素的影响。例如，人们在成长过程中很容易认为，自己依据社会中权威者的观念和价值观所做出的行为是完全正确的。然而，作为一个具有批判性思维能力的设计者，需要意识到在设计中既要尊重用户的价值观、人生观和社会观，又不能因集体压力和权威依赖一味地对设计做出妥协，善于利用参与式的设计路径一边集思广益，一边独立思考，以获得自我意识与用户需求之间的平衡。

6.7 心智模型映射生活趋势

人们的行为方式往往与根深蒂固的信念密切相关。用户心智模型可以帮助设计发掘行为背后的根本原因，并设计出打动人心的创意方案。唐纳德·诺曼在《设计心理学》一书中的解释："心智模型是存在于用户头脑中对一个产品应具有的概念和行为的知识。这种知识可能来源于用户以前使用类似产品沉淀下来的经验，或者是用户根据使用该产品要达到的目标而对产品概念和行为的一种期望。"心智模型是一个严谨的分析框架，连接用户通过功能、产品或服务完成某项任务时产生的行为、信念和情绪。心智模型根据人们在日常生活中解决问题的方式，制定相应的产品开发战略，避免设计出的产品既不能引起人们的共鸣，又不能优化目前的行为方式。

在创建心智模型时，需要先确定目标对象，通过基础的用户调研（观察、访谈、问卷）构建对用户的洞察。所谓用户洞察，不是简单地了解用户，要将了解提升至对用户的理解，要具有同理心思维，进而和用户进行良性互动，要多问"为什么"，而不是"是什么"。在不断深挖用户行为背后的原因的过程中，找到用户所遵循的逻辑和规律，这样才能形成用户洞察。由此可见，洞察的要领在于将具象行为抽象为本质规律（见图 6-13)，利用设计思维去透过现象看到本质，才能发现事物之间的关联、规律和共性。以用户洞察建立的用户心智模型可以有效地评估现存的产品或服务能否让目标群体受益。

用户的行为、信念和情绪是心智模型的基本组成部分，每个部分都来自基于目标用户的观察、访谈、问卷等记录研究。呈现心智地图的方式包括用户旅程图、用户情绪地图、用户体验地图等，其核心记录任务是"人们在完成、进行某件事情或者达到不同状态时体现的一切内容，如行为、信念和情绪和动机"。整理用户记录要频繁进行差异比较，在此基础上寻找共性和总结规律。

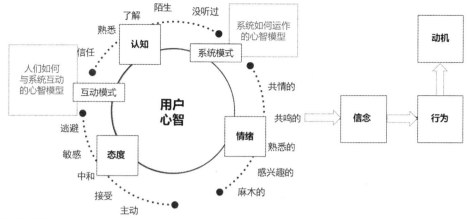

图 6-13 洞察的思维逻辑

综上所述，心智模型可以通过人们日常生活中的行为方式和他们的信仰，解释人们采用自己的方式完成任务的根本原因。心智模型不是为了设计一种满足所有人需求的产品，而是根据人们使用产品和服务时不同的行为方式，打造符合大众认知或容易建立共鸣的产品。

6.8 场景还原投射行为习性

"情境"概念的首次提出者是巴纳德学院的布兰妮·施利特，他将情境定义为地点、物体、人和产品的总和。在设计学中情境是指人与产品的交互过程所处的环境元素。结合当前已有的研究成果来看，情境一般被划分为：物理情境、设备情境，以及任务情境三类。随着人们所面对的时间、空间、环境的变化，以及人们对自身认知的不断改变，情境也随之发生相应的变化。情境体验本质上是基于情境的用户体验，它是对"以用户为中心"这一设计理念的完善和发展，是由用户、产品、环境相互影响形成的"人－机－环境"交互系统。情境体验设计体现了设计与用户的互动性，并以用户为中心，更加了解用户的心理需求，从而达到用户内心高度认可的体验感受。

再现用户情境，即概览用户在某个时段、某个地方、使用某个产品或围绕某件事情的相关活动，以便在这一背景下更好地理解和洞察用户的行为、体验、痛点及需求。构成设计创新的四个要素分别是：用户、产品、环境和技术。首先，用户可以细化出不同类型的群体，在设计中秉承"以人为本"的设计宗旨，以人为中心来构建设计系统并促进其协调发展。其次，对于产品而言，设计的作用在于实现信息在人与产品之间的传递，展示产品的示能性。再次，环境要素可以划分为社会环境要素和自然环境要素，其中社会环境要素分为政治、文化、宗教等对设计产生的影响；自然环境则涵盖了包括资源和能源等在内的自然造物给设计提供的物质基础。在设计的过程中，要将用户和产品置于真实的使用环境中去思考创新的适用性和适度原则。最后，产品的技术支撑，技术因素是驱动产品改良甚至革新的决定性因素之一，具有强烈的时代属性，技术支撑通过产品给用户带来使用便利的同时，也增强了用户对所处社会、时代的憧憬和信心。

参考阅读书籍与文献

[1] 蒋红斌.角色的系统模型与设计研究方法 [J]. 设计，2018(16):36-39.

[2] 普拉特纳,迈内尔,莱费尔.斯坦福设计思维课 1: 认识设计思维 [M]. 姜浩，译.北京:人民邮电出版社,2019.

[3] 大泽幸生,西原洋子.斯坦福设计思维课 2: 用游戏激活和培训创新者 [M]. 税琳琳，崔超，译.北京:人民邮电出版社,2019.

[4] 普拉特纳,迈内尔,莱费尔.斯坦福设计思维课 3: 方法与实践 [M]. 张科静，马彪，符谢红，译.北京:人民邮电出版社,2019.

[5] 普拉特纳,迈内尔,莱费尔.斯坦福设计思维课 4: 如何高效协作 [M]. 毛一帆，白瑜，译.北京:人民邮电出版社,2019.

[6] 普拉特纳,迈内尔,莱费尔.斯坦福设计思维课 5 :场景与应用[M]. 安瓦,张翔,段晓鑫,等译.北京:人民邮电出版社,2019.

[7] 冯雅婧，李岩.情境体验设计在高科技产品展示视频中的应用研究 [J]. 工业设计，2021(9):129-130.

生产平台的赋能

设计创新需要将创新的价值置于真实的生活场景或生产模式中，而不能为了创意而创新。产品设计的创新之道，关键是在把握和认识其获得的创新成果背后，形成一种能够有机协同其结构内容的适应性机制。

7.1 企业 SWOT 趋势分析

SWOT 分析法能够帮助设计师系统地分析设计概念和项目在市场中面临的形势，并依据分析成果制定战略性的实施方案。该方法可以应用于设计概念形成的早期阶段，常用于有目的地推向市场的产品开发，这个方法的初衷是帮助设计团队和服务企业快速地为产品找到自身定位，并在此基础上做出相应的产品设计计划。SWOT 是四个英文首字母的缩写，其中 S 代表 Strength（优势），是指组织机构的内部因素，具体包括：有利的竞争态势、充足的财政来源、良好的企业形象、技术力量、规模经济、产品质量、市场份额、成本优势、广告攻势等。W 代表 Weakness（劣势），是指组织机构的内部因素，具体包括：设备老化、管理混乱、缺少关键技术、研究开发落后、资金短缺、经营不善、产品积压、竞争力差等。O 代表 Opportunity（机会），是指组织机构的外部因素，具体包括：新产品、新市场、新需求、外国市场壁垒解除、竞争对手失误等。T 代表 Threat（威胁），是指组织机构的外部因素，具体包括：新的竞争对手、替代产品增多、市场紧缩、行业政策变化、经济衰退、客户偏好改变、突发事件等。在四个评估元素中，S 与 W 是指所服务企业的内部因素，O 与 T 则是指产品所处市场的外部因素。这个分析方法与市场环境息息相关，尤其是分析外部因素的目的在于了解企业及

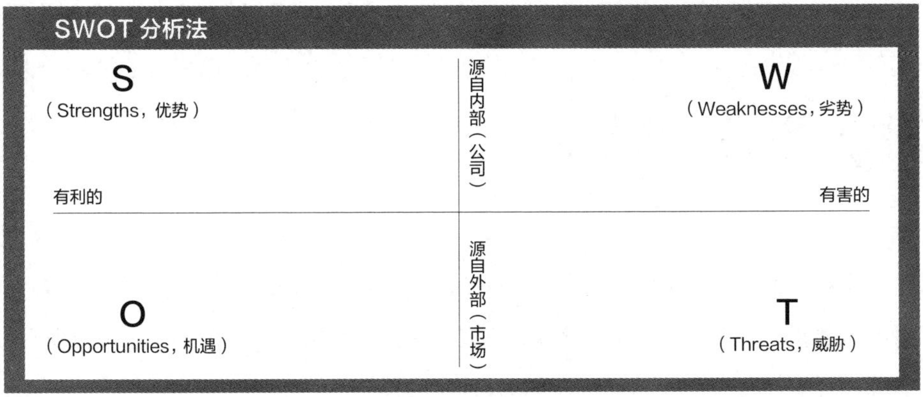

SWOT 分析法

S
(Strengths, 优势)

源自内部（公司）

W
(Weaknesses, 劣势)

有利的

有害的

源自外部（市场）

O
(Opportunities, 机遇)

T
(Threats, 威胁)

图 7-1 SWOT 分析法

其竞争者在市场中的相对位置，从而帮助企业进一步理解如何进行内部分析。

　　SWOT 分析法的优点在于考虑问题全面，这是一种系统思维，而且可以把对问题的"诊断"和"开处方"紧密结合在一起，条理清楚，便于检验。如图 7-1 所示，从 SWOT 表格结构中不难看出，此方法非常简洁直观。然而，SWOT 分析法的质量取决于设计师对诸多不同因素是否有深刻的理解。因此，项目成员有必要与一个具有多学科交叉背景的团队合作。在进行内部和外部分析时需要注意一些问题。在进行外部分析时，可以通过回答以下问题进行分析：当前市场环境中的重要趋势是什么？人们的需求是什么？人们对当期产品有哪些不满意？什么是当前流行的文化趋势？竞争对手都在做什么？外部分析所得的结果能够帮助设计师全面了解市场、用户、竞争对手、竞争产品或服务，分析公司在市场中的机会以及潜在的威胁。内部分析需要了解公司在当前商业背景下的优势和劣势，以及相对竞争对手而言存在哪些优势和不足。内部分析的结果可以全面反映出公司的优势和劣势，并且能找到符合公司核心竞争力的创新方案，从而提高公司在市场中取得成功的概率。

　　使用 SWOT 分析法的初衷在于，设计团队可以就感兴趣的搜寻领域得出有前景的创新想法。因此，可以结合搜寻领域综合推理得出产品创新的战略方向。

将调查得出的各种因素，根据轻重缓急或影响程度等排序方式，构造 SWOT 矩阵。在此过程中，将那些对公司发展有直接的、重要的、大量的、迫切的、久远的影响因素优先排列出来，而将那些间接的、次要的、少许的、不急的、短暂的影响因素排列在后面。当设计团队确定产品设计目标之后，也许会发现公司内部的劣势可能会形成制约该项目的瓶颈，此时则需要投入大量的精力来解决这方面的问题。将使用 SWOT 分析法所得的结构条理清晰地总结在 X、Y 坐标轴之中，并与团队成员以及其他利益相关者交流分析成果。许多团队的设计师会对其中的机会环节有疑虑或找不到思绪，此时要明确，机会绝不会从天上掉下来，可以尝试从威胁中找到机会，把劣势转化为机会可以帮助公司突破发展瓶颈。

7.2 企业 VRIO 竞争力评估

VRIO 分析法经常应用于产品设计实践项目。在服务某企业开发产品时，该分析法结合企业的实际情况帮助设计团队对设计概念进行准确的定位。VRIO 是四个英文单词首字母的缩写，V 代表 Value（价值），是指企业的资源和能力能使企业对环境威胁和机会做出反应；R 代表 Rarity（稀缺性），是指有多少竞争企业已拥有某种有价值的资源和能力；I 代表 Inimitability（不可模仿性），是指不具备这种资源和能力的企业在取得它时与已经拥有它的企业相比处于成本劣势；O 代表 Organization（组织性），是指一个企业的组织能充分利用起资源和能力的竞争潜力。该分析法是一种判定企业竞争潜力的有效方法。VRIO 分析法能帮助设计师发掘企业的资源（企业有什么）和能力（企业能做什么），使企业在竞争中脱颖而出。在着手分析之前列出详尽的资源清单，这时候需要考虑企业所有有形和无形的资源和能力，并且针对每种资源或能力单独进行评估，不能将企业作为一个整体进行笼统的评估。

如图 7-2 所示，价值、稀缺性、不可模仿性及组织性可以纳入一个单一的

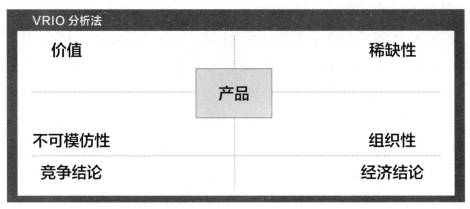

图 7-2 VRIO 分析法

框架，以了解与企业资源和能力易用相关的收益潜力。VRIO 分析是企业内部分析的一部分，可以在产品创新的计划阶段运用。该分析法需要经常更新。例如，某资源的价值可能会随着时间的变化而改变，或者某一新的技术发展可能导致竞争者很容易模仿当前的优势资源和能力。因此，也许曾经具有竞争优势的资源，现在只能带来较少的回报；某一没有价值的资源或能力，可能阻碍其他资源或能力的发展。由于 VRIO 分析法是基于企业资源进行的，因此全面了解企业资源将有助于提高分析效率，并且准确引导企业探索机会和消除外部威胁。VRIO 分析法的主要执行人应具有较强的个人判断能力，甚至是某些领域的专家。例如，评估资源的不可模仿性需要全面掌握该资源是如何产生的，以及资源可能存在的不同形式。在着手分析之前，设计团队要尽量列出详尽的资源清单，再针对每个方面进行单独评估，进而整合形成最终的产品评估结果。

7.3 企业创新价值评估曲线

价值曲线评估可以通过视觉表现手法反映用户对产品或品牌的看法，这个方法与知觉地图十分相似。设计团队可以根据此方法了解用户对公司及其竞争对手的产品或品牌的不同看法。价值曲线能够提供诸多与市场形势、产品定位相关的

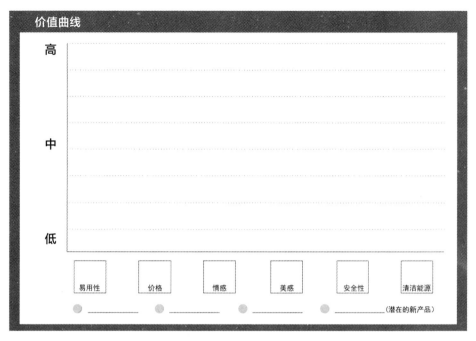

图 7-3 价值曲线

有价值的信息。设计团队可以根据这些信息对产品未来的营销模式等行业元素进行决策。同时，价值曲线既可以应用于现有品牌和产品，也可以应用于潜在的新产品和概念开发。就现有产品而言，它能够帮助设计团队依据消费者的认知评估该产品的竞争优势和劣势，从而明确建立竞争优势的基础。此外，该评估方法也能反映某一产品和品牌是否需要被重新设计和定位，并确定改良或创新产品在整个市场环境中所处的位置。

对潜在的新产品和品牌而言，运用价值曲线可以帮助设计团队找到市场机会。当现有市场上没有可以满足用户理想状态的产品和服务时，价值曲线地图可以通过图表的方式，直观显示出市场空缺的位置。无论市场上是否存在正在筹划中的新产品，如果能知道用户对产品的感知以及他们理想中的产品，对于设计师而言，这些信息都可以为今后设计升级做出至关重要的准备工作。如图 7-3 所示，绘制一张价值曲线地图并不需要太多专业知识和经验，首先要确定相关的产品属性。

第 7 讲　生产平台的赋能

例如，易用性、价格、美感等潜在用户最关注的或对用户非常重要的产品属性。然后，确定与要开发或设计的产品存在竞争关系的产品或者品牌。最后，按照潜在用户的要求对各个列表中的产品进行评分，依据评分绘制完成价值曲线。为了防止使用误导性的语言或不合理的信息，设计团队需要仔细斟酌图表中使用的设计词汇。

7.4 企业商业画布策划

商业模式画布 (Business Model Canvas) 是亚历山大·奥斯特瓦德在《商业模式新生代》中提出的一种用于描述商业模式、可视化商业模式、评估商业模式，以及改变商业模式的通用语言。产品商业模式画布可以作为探索企业和产品是否具备商业运营模式的检验工具，可以用于评估概念产品研发或创业项目的商业雏形，也可以用于分析企业现有商业模式中存在的优势、劣势、威胁和机会。图 7-4 中的产品商业模式画布模板将整个画布分为九个区域，分别是：设计面临的问题和目标、设计问题的解决思路、设计概念所具有的独特价值、设计概念具备哪些绝对优势、设计的目标用户、设计开发所具备的核心资源、渠道、成本结构、收益方式。每个区域都有其特定的功能，再具体展开分析之前，设计团队最需要明确的四个关键要素是：产品开发或企业运营的核心资源、成本结构、收益方式以及关键业务的种类。

图 7-5 是星巴克的商业模式画布示意图。星巴克是世界商业史上的重要案例之一，是将咖啡与第三空间创造性整合的新零售服务商，它的成功在于清晰的价值主张、客户群体、核心资源、成本结构和收益方式等元素，在商业画布中可以可视化地呈现构成星巴克成功的关键因素。值得注意的是，商业画布是一个相对概念化的商业模式构想。因此，并不需要在图中填入精细的投资回报数据，但也要保证一些重要信息（如解决方案、目标用户等）的真实性。

商业模式画布

问题和目标	解决思路	独特价值	绝对优势	目标用户
	核心资源		渠道	
成本结构		收益方式		

图 7-4 商业模式画布

星巴克 商业模式画布

星巴克成立于 1971 年，总部位于美国，被称为生活方式公司，是提倡第三空间的公司，开始时星巴克只是西雅图的一家销售咖啡豆和香料的门店，之后合伙人去意大利出差，被当地的意式浓缩咖啡所吸引，从此以后星巴克成为销售滴滤咖啡、三明治等的第三空间。在这里，人们可以尽情社交不受打扰

目前全球有 1.3 万门店，其中在中国已有 5400 家

客户细分	客户关系	价值主张	关键业务	重要伙伴
①中产阶段 ②白领人群 ③热爱社交 ④喜欢喝咖啡 ⑤追求生活品位	①不打广告的口碑营销 ②星享卡钱包 ③俱乐部优惠券	①情感：体面感和尊重感 星巴克社区链接	①星享卡会员制 ②咖啡及延伸品制作 ③门店统一管理 ④无线上网服务 ⑤星巴克咖啡文化活动	①对内：星巴克伙伴 ②对外：咖啡豆供应商 周边供应商 便利店、机场、书店、购物中心等
	渠道通路 ●线上渠道：KOL ●线下渠道：线下门店 1.3 万家	②产品 / 空间：优质咖啡体验 高质量社交空间提供	**核心资源** ①实体资源：供应链资源、员工资源、客户资源 ②虚拟资源：咖啡社交文化、品牌资源	
成本结构			**收益方式**	
●固定成本：店铺运营费用、折旧及摊销费用、行政开支、其他费用 ●可变成本：销售成本			●咖啡本身收入 ●咖啡衍生品销售收入	

图 7-5 星巴克企业的商业模式画布示意图

产品商业模式画布可以帮助设计师认清正在进行的项目或者设计的产品与经济、环境等因素之间的关系。在设计概念生成的过程中，商业画布可以让设计团队有效评估设计、做出定位并完善设计创意。在此阶段，设计团队需要联合相关企业共同预测这个设计概念。这个概念不但能够达到企业获得回报和利润的预期，而且设计项目还可以强化设计团队所服务的公司在市场中的竞争地位。

7.5 企业服务蓝图规划

服务蓝图是服务设计常用的研究方法，肖斯塔克在 1984 年的《哈佛商业评论》中介绍了这个工具，它通过视觉信息与利益相关人员关系网等元素为客户和设计团队展现"设计师 - 产品 - 企业 - 消费者 - 环境"整个系统的运营方式，以及服务如何通过关系网输出并获得反馈等信息。当团队在进行产品设计时，应该放眼观察产品所在的整个系统，从服务设计的角度宏观地判断产品设计各阶段的决策。图 7-6 是服务蓝图的使用模板，通过可视化展示详细说明许多隐匿于消费行为中的细节问题，一张服务蓝图往往包含用户、服务提供者，以及相关利益者，许多服务活动幕后的运作方式也会在蓝图中展示。

以图 7-7 的概念空气调节产品设计项目为例，服务蓝图将服务提供方与接受服务方联合在一起，经常由多方参与共同协作完成。利用新的科技原理驱动设计创新，需要社区不同的利益相关者共同参与，他们的想法与任务布置情况往往对整个服务的执行产生不同的影响，由他们共同制订的产品设计计划和服务策划可以最大限度地满足多方利益者的要求。由此可见，由服务设计倡导的协同合作工作坊是一种有效率的工作模式。服务蓝图法的优点在于始终关注用户的生活方式和目标，以用户为中心的服务宗旨与产品设计理念一致，有利于提升产品设计团队的全局观念和服务意识，同时，也增强了设计师对接企业的联合调研与研究能力。

在不断变化的环境中，服务设计促使设计团队提高应对反应能力，图 7-8 所示为关于概念空调设计项目示意图，通过蓝图展示出来的所有服务流程和细节，可以让团队清晰观察重点服务环节和用户痛点，以及与重点服务相关联的各部门之间的利益关系和运营流程。服务设计有利于将隐藏在目标用户服务元素背后的过程可视化展示，在协调各方人员和资源的过程中，服务蓝图需要进行多次调整。在设计初始阶段，服务蓝图多以草图的形式呈现，一旦方案或概念被确定下来，服务蓝图的内容在实施阶段会进一步深化和拓展，以此帮助参与设计的人员清楚和明确服务的流程和执行情况。

服务蓝图关注的重点是围绕用户需求提供哪些支撑系统。以用户通过 ATM 取现金的流程为例，首先设计团队需要观察用户完成：找到 ATM、插卡、输入密码、输入取款数量、取款、取卡、离去的整个流程，其中重点关注用户是怎么使用 ATM，在使用过程中怎么思考问题、用户的感受和情绪变化是怎样的。而且，服务蓝图会关注用户行为路径的一系列支撑系统。例如，如何保证用户能够快速看到 ATM，品牌信息如何展示；如何能够保证 ATM 在使用中减少损耗且能够正常运作；如何能保证 ATM 的人机交互界面好用、易用；如何保证 ATM 里面资金运转高效、流畅；如何保证用户需要帮助的时候能够找到对应的管理人员；如何衡量 ATM 站点分布是否合理。以上涉及服务设计台前、幕后工作人员的共同协作以确保服务获得用户的认可。

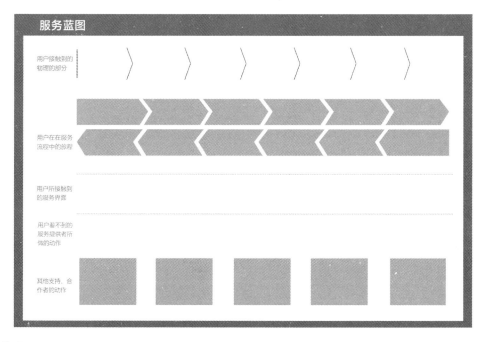

图 7-6 服务蓝图

第 7 讲　生产平台的赋能

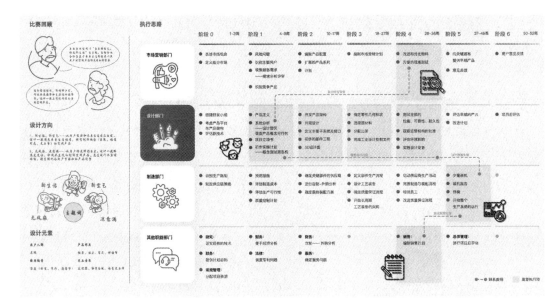

图 7-7 概念空气调节产品设计项目

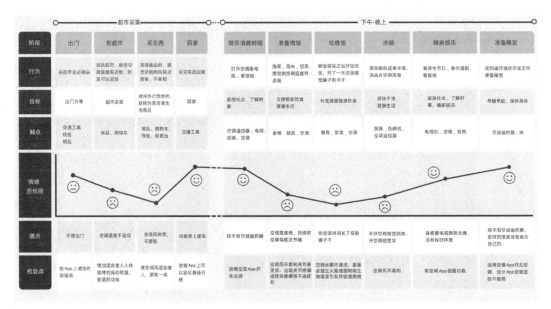

图 7-8 概念空调设计项目

参考阅读书籍与文献

[1] 周星，董阳 . 艺术学科与新文科建设关系的观念思考 [J]. 艺术设计研究，2020(3):108-114.

[2] 何宇飞，李侨明，陈安娜，等 ."软硬兼顾"：社会工作与社会设计学科交叉融合的可能与路径 [J]. 装饰，2022(3):24-27.

[3] 邱松，徐薇子，岳菲，等 . 设计形态学的核心与边界 [J]. 装饰，2021(8):64-68.

[4] 刘婷婷 . 设计学与社会学的对话 : 以加州大学圣地亚哥分校"文化与交流"项目为例 [J]. 装饰，2022(3):127-129.

[5] 黄红春，黄耘，陈星宇 ."新文科"背景下的四川美术学院环境设计专业教学改革思考与行动 [J]. 装饰，2022(6):66-67.

[6] 石川俊祐 . 你好，设计 : 设计思维与创新实践 [M]. 马悦，译 . 北京: 机械工业出版社，2021.

设计创新的定位

设计者需要以第一视角、实地调研，发现问题、了解用户，进而构建设计计划和执行流程。设计定位要运用发散思维和收敛思维，从十个问题到最后的三个问题。这种"减法"思维模式的构建、迭代与更新，能杜绝一切舍本求末、隔靴搔痒的急功近利创新，以及试图用徒有其表的工程来挽救危机的表面创新，是具有真正时代精神和现实意义的产品设计创新途径。

8.1 设计定位的十个问题

产品设计的过程是一次解决问题的过程。在解决问题之前，设计师首先要明确的是，设计是否在正确的轨迹上着手解决正确的问题。因此，寻找并设定正确的设计目标是设计问题得以解决的重要前提。设计目标与定位往往应用于设计调研的末端。当一个设计目标被界定时，往往意味着目前市场上对此类产品存在问题的解决方案和产品还有待升级或存在空缺，带有明确设计目标的概念开发可以为设计的改良和创新提供发展空间。设计目标定位这个阶段的到来，预示着正式的设计创新和实践将拉开帷幕。

对设计团队而言，如何逻辑清晰地解释设计目标或者设计定位？尝试回答以下几个问题，可以让设计团队接下来的设计思路更加清晰（见图 8-1）。第一，这个产品主要解决的问题是什么？第二，谁会成为目标用户？第三，与当前环境相关的因素有哪些？第四，目标用户的需求和期待是什么？第五，这个设计中会存在哪些影响进展的负面因素？第六，产品将如何工作，功能将如何使用？第七，

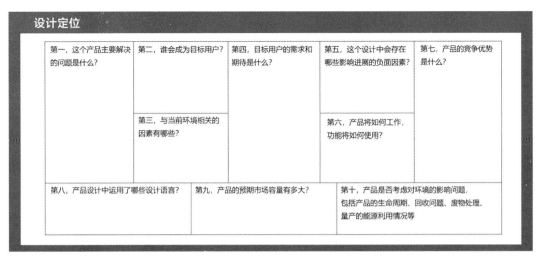

图 8-1 设计定位的十个问题

　　产品的竞争优势是什么？第八，产品设计中运用了哪些设计语言？第九，产品的预期市场容量有多大？第十，产品是否考虑对环境的影响问题，包括产品的生命周期、回收问题、废物处理、量产的能源利用情况等。将以上问题的答案整理成结构清晰、条理清楚的文字或图片信息，便可以得到逻辑清晰、目的明确的设计定位了。

8.2 设计定位的五个问题

　　首先应明确的是团队下一步要设计的项目属于以下三个类型中的哪一个。第一类是常规产品设计，在设计中需要达成的每个目标都被详细地描述出来，设计师团队只要根据要求进行设计与开发就可以基本完成设计任务；第二类是改良产品设计，设计师根据要求对现有产品的某些方面进行开发和再设计；第三类是创新产品设计，这类产品的开发难度比较大，要求设计师在非常规的语境下，设计与创造全新的产品。接下来，在产品设计师明确客户的诉求、掌握与最终用户、制造商、项目经理、工程师等人员沟通交流得到的关键信息之后，就可以开始向产品设计概念构思、原始草图创作、细节推敲、模型与原型产品制作的进程转化了。

产品是企业向顾客销售的东西，在具体设计执行之前明确、系统的开发计划可以帮助团队明确设计的各项目标。产品的系统开发始于发现市场机会，止于产品的生产、销售和交付，由一系列活动组成。从投资者的角度来看，在一个以盈利为目的的企业中，成功的产品开发可以使产品的生产、销售实现盈利，但是盈利能力往往难以迅速、直接地被评估。通常，可从如图 8-2 所示的五个具体的维度来评估产品开发的绩效。第一，产品质量。开发出的产品有哪些优良特性？它能否满足顾客的需求？它的稳健性和可靠性如何？产品质量最终反映在其市场份额和顾客愿意支付的价格上。第二，产品成本。产品的制造成本是多少？该成本包括固定设备和工艺装备费用，以及为生产每一单位产品所增加的边际成本。产品成本决定了企业以特定的销售量和销售价格所能获得的利润的多少。第三，开发时间。团队能够以多快的速度完成产品开发工作？开发时间决定了企业如何对外部竞争和技术发展做出响应，以及企业能够多快从团队的努力中获得经济回报。第四，开发成本。企业在产品开发活动中需要花费多少？通常，在为获得利润而进行的所有投资中，开发成本占有可观的比重。第五，开发能力。根据以往的产品开发项目经验，团队和企业能够更好地开发未来的产品吗？开发能力是企业的一项重要资产，它使企业可以在未来更高效、更经济地开发新产品。

在这五个维度上的良好表现设计方案将最终为企业带来经济上的成功。但是，其他方面的性能标准也很重要。这些标准源自企业中其他利益相关者（包括开发团队的成员、其他员工和制造产品所在社区）的利益。开发团队的成员可能会对开发一个新、奇、特的产品感兴趣；制造产品所在社区的成员可能更关注该产品创造的就业机会的多少；生产工人和产品使用者都认为开发团队应使产品有较高的安全标准，而不管这些标准对获得基本的利润是否合理；其他与企业或产品没有直接关系的个人可能会从生态的角度，要求合理利用资源并产生最少的危险废弃物。

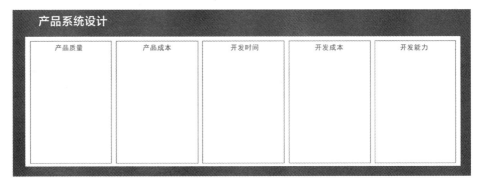

图 8-2 设计定位的五个问题

8.3 设计定位的两个问题

在明确设计目标之后，设计团队需要确认产品的主辅功能。许多项目在开展过程中因为参与人员的建议而改变设计的初始功能，造成项目无法顺利完成或不能满足委托方的要求，甚至最终失败。产品的功能可以分为主导功能和子级辅助功能，开发产品功能体系的过程是一个循环迭代的过程（见图 8-3）。在实践中，可以从现有产品的分析入手，得到已有产品的功能结构，进而根据新的概念产品设计，将新的产品功能进行分类。其中，第一类是基础功能。这类功能是产品的灵魂所在，其他功能都会围绕这一中心功能服务或进行细化拓展。第二类是亮点功能。这类功能的主要特征是与众不同，尤其是在众多同类竞争产品同时出现时，该产品可以凭借亮点、特殊功能在竞品中脱颖而出，引起消费者的购买欲望。第三类是发展功能。这类功能的主要特征是可以预测用户需要什么，也就是用户以后可能需要的产品。对用户的需求提前预测，但是又不能太超前，因为大众可能不接受太超前的功能。在有些情况下，这类功能的设计很模糊，也不一定能获得成功，但是一旦成功产品会走在行业的前面。第四类是非需求功能。这类功能在前期的设计需求分析时没有涉及，当产品发布后根据更新换代逐渐完善。这种功能只有及时实现和上架，才能提升用户满意度并愿意购买。

当设计的各项功能逐渐清晰时，设计团队还有一项重要的任务，就是适当删减当前的功能或者进行相似功能的整合（见图8-4）。虽然在开始设计功能的时候，设计团队可以天马行空地创造功能，但是最后敲定的时候一定要遵循少即是多的原则，尽量减少功能。这种减少一定要建立在需求分析正确的前提下，团队需要多次评估每一个功能的需求价值。接下来介绍功能筛选的主要流程。步骤一，列出产品的主、辅功能清单，可以利用流程树的形式。步骤二，当面对复杂的产品时，设计团队需要进一步梳理产品功能结构图。结构图可以按时间顺序排列所有功能，联系各个功能所需的物质、能源和信息流，将功能按照主功能、一级子功能、二级子功能归纳。步骤三，整理并描绘功能结构。补充并添加一些可能被忽略的辅助功能。功能结构的变化会随着产品中的各变量改变，通过筛选最终获得完整的产品功能清单。

以海尔概念洗衣机的产品功能预设为例（见图8-4），在分析过程中设计师需要将产品或设计概念通过功能和子功能的形式进行描述。在这个过程中，也要兼顾产品的形状、尺度、材料、美感等要素。产品的功能分析可以帮助设计师分析产品的预设功能，并将功能和相关零件相联系。成功的产品功能预设和分析可以帮助设计师找到新的设计创意，挖掘设计创新点和亮点，从而在新的产品或设计概念中实现特定的功能。

产品主辅功能分析的目的是在现有条件的约束下，评估各项功能后建立具有市场竞争力和创新价值的产品功能体系。在此过程中，功能评估可以利用产品价值曲线法（见图8-5），通过图表可视化对比可以避免设计师直接利用大脑中的第一反应寻找解决方案，从而造成设计定位偏于感性的问题。在设计师进行功能预设时，理性思维应占主导地位，这时产品可以被视为一个包含了主功能及其子功能的科技物理系统。因此，产品通常是由承载各个子功能的"器官"组成的。设计师可以通过选择合理的部件形式、材料及结构来实现产品的各项子功能和整体功能。

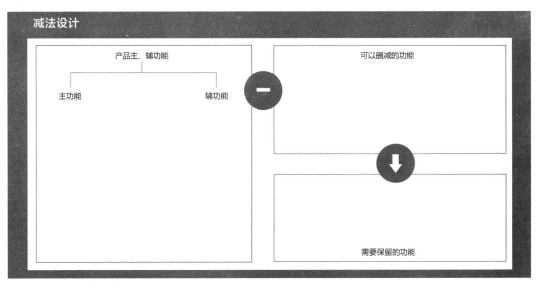

图 8-3 产品主辅功能分解

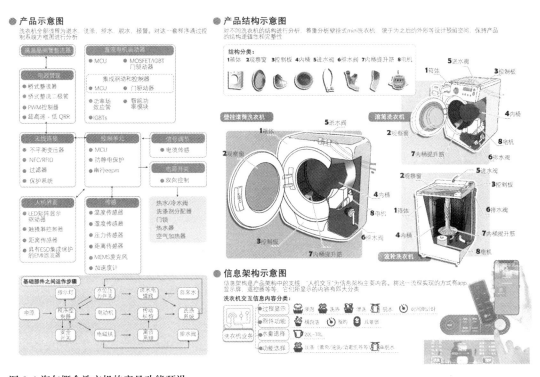

图 8-4 海尔概念洗衣机的产品功能预设

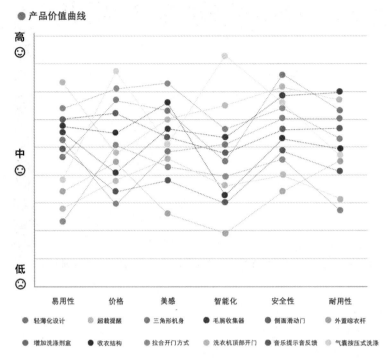

图 8-5 利用价值曲线评估产品的各项预设功能

参考阅读书籍与文献

[1] 波尔蒂加尔.洞察人心：用户访谈成功的秘密[M].
   蒋晓，戴传庆，孙启玉，等译.北京：电子工业出
   版社，2015.

[2] 体验设计工作室.体验设计：创意就为改变世界
   [M].赵新利，译.北京：中国传媒大学出版社，
   2015.

[3] 马丁，汉宁顿.通用设计方法[M].初晓华，译.北
   京：中央编译出版社，2013.

[4] 代尔夫特理工大学工业设计工程学院.设计方法
   与策略：代尔夫特设计指南[M].倪裕伟，译.武
   汉：华中科技大学出版社，2014.

设计创新考察：以大信家居为例

通过企业实地考察了解产品的生产原理、加工工艺、量产标准、技术标准，以及智能化、信息化生产的新契机，理解未来中国设计与产业的战略目标，将中国人文精神与智慧在中国设计方案中加以呈现。

9.1 企业家谈设计思维与企业战略

为了在家居领域趋势预测中做出更客观，与社会、产业发展情况接轨的判断，教师团队联合郑州大信家居集团，开展为期两天的企业实地调研。大信家居集团是工业和信息化部评定的国家级工业设计中心。企业以"工业设计驱动"为核心动力，确立产品以"模块"要素为设计基因，始终贯穿在发展生态链中。企业开展整体厨房、全屋定制和家居消费品的研发、生产及销售业务，是全国工商联家具装饰业商会定制家具专委会及整体厨房专委会执行会长单位（见图 9-1）。

大信家居集团心系中国家居领域的发展，并且洞察到家居产品是与中国人的生活形态息息相关的。那么，当把这种关联还原到现实群体的生活之中，会如何改变设计思维？在设计实践中，许多设计者因为拥有多年积累的艺术设计天赋，就惯性地去决定、规划、设计他人的生活方式。如果消费者的艺术品位和修养能够达到更高的层级，设计者应如何辅助他们创造未来的生活方式？放眼未来，这种"居高临下"的设计观将随科技、人文等转变而逐渐消失，因为有了众多智能软件的辅助，每个普通消费者或用户都有可能成为设计师，并主宰和设计自己的生活。这一讲将以大信家居集团为缩影介绍中国设计企业出现哪些新的经营理念、

图 9-1 大信家居集团

图 9-2 清华和鲁美师生团队考察记录

设计趋势和观念转化，以此推动"中国制造"走向"中国创造"。图 9-2 为清华和鲁美师生团队考察记录。

　　大信家居集团董事长说，说到工业设计就要提到工业革命。回顾历史，工业革命以前的家具都是私人定制的，工业革命以后家具生产发生了结构性转变。然而，第一次、第二次工业革命都可以称为"动力革命"，在蒸汽机与电气化生产下产生了新的制造规则。随着工业化生产首先产生的理念是标准化，其次是批量化。如今，用户更希望自己的家是私人订制的，这时候标准化与批量化就无法满足以家为单位的个体需求，而通过数字计算有可能改变行业的现状与困境。具体而言就是把以往的设计转化为模块，在模块中不断细化分类，通过模块重组满足不同用户的需求。这一想法受到汉字历史的启发，中国汉字有 80000 个，常用的有 3500 个。这些汉字组成的最小单元，它们既独立，又可以叠加使用。那么，以这种思维方式将家居产品进行最小单元处理，就能创造出多种全屋定制方案。同时，通过研究找到人类的共性，根据用户共性来制定批量化和标准化模块的种类和样式。由此可见，用系列化、标准化和模块化便可满足用户个性化家居设计的需求，同时，只有批量化，才能保证低成本；只有批量化，才能保证质量；只能批量化，才能保证高效率。由于运用模块化思维，企业生产家居产品时的用材率高达 94%，这创造了一个新高，因为在德国、日本用材率只能达到 76% 左右。此外，德国、日本的生产错损率在 6% ~ 8%，而大信家居集团仅是 3%，这在世界处于领先水平。定制家居的制作工期在德国需要 25 ~ 45 天，在大信家居集团能控制在 4 天之内。这些转变让整个定制家居制造的方式发生了革命性变化。

　　以上问题明确之后，企业的下一个战略目标是家居设计与中国人的生活方式建立关联。柳冠中教授指出工业设计是传统的再造。这启发设计团队要面向过去进行研究，从"文物"里寻找线索。例如，中国人为什么喝粥？外国人为什么不喝粥？中国人为什么喝熟水？未来的中国人还会不会喝熟水？如果继续喝熟水，现有模块能不能解决中国人未来的问题？如果不更新迭代，这个系统将不再适用。在研究中发现，中华民族有"厚葬"习俗，即"事死如事生"。根据考古研究发现，中国古人在厚葬文化中试图还原他们活着时候的生活情境。因此，随葬的文物提供了古人生活的规矩，将这些文物整理起来，可以为后续的设计提供依据。在研究过程中，从色彩角度进行考察，找到中国人的色彩之源。中国人为什么喜欢红色？色彩研究未来会对工业设计有什么影响？它又对模块化、AI 算法有什么影响？基于这些大信家居集团建立了色彩博物馆、家居博物馆、非洲木雕博物馆、当代艺术博物馆等。通过研究历史与艺术，从中发现艺术设计是促使现代人类解放思想的伟大催化剂，用设计参与哲学、参与科学、参与工业可以为人类寻

找新的机遇。同时，企业能够站在时代的高度，寻找对社会、国家有意义的未来发展方向。图 9-3 为大信董事长为学生讲解的现场记录。

9.2 色彩中体现出的中国设计精神

大信家居集团的色彩博物馆展示了中华色彩的进程。集团运用历史学、考古学等社会科学的理论和工具，创建了一个凸显色彩发展历史成就的博物馆，它既是历史、科技、文化、艺术、收藏等领域的长期夙愿，又是弘扬中华色彩文化的重要举措。古代哲学家认为世界由五种物质组成：金、木、水、火、土，它们相生相克产生了万物；色彩是由红、黄、蓝三色加上黑、白组成的，以此为基础调出千万种颜色。所以，青、赤、黄、白、黑是中国人对色彩的初步认识。在河南淮阳出土的文物，以及民间祭祀用品中，根据文物的图案发现这些文物的色彩可以作为民族图腾的活化石。后来产生了彩陶文化,通过对陶片进行对比,发现古人对色彩与哲学关联的初步认知。

　　首先介绍中国红色的来历。甲骨文中的赤字是一个人打猎回来手里拿着一块肉,下面还有一团火。所以赤可以理解为火或者火光,体现着先人们捕猎养家的喜悦心情。古人信仰万物有灵,颜色亦有灵性,它记载着中华民族的传统和美好回忆。赤色的主要成分是朱砂。朱砂这种物质呈现出来的颜色是血红色,通过系统的色彩研究发现:华夏先民主要依赖农耕获取食物,这些农作物可以保存起来慢慢吃,所以谷物是人类走上文明的一个最重要的标准。但是光依靠谷物无法补充身体生长所需的动物蛋白和脂肪,而依赖打猎去获取猎物是要进行拼死搏斗的,为了更好地生存繁衍,于是人类开始学会驯养动物以提供肉类食品。当先人宰杀牲畜烹饪美食时,这种火光映射出来的血红色成了华夏儿女无法忘怀的喜悦记忆,所以后来中国的婚礼礼服都是红色,中国人过年也喜用红色。血红色成为喜悦时刻留下的记号。所以,人研究历史然后明白地理决定资源、资源决定作物、作物决定人的思维方式和行为方式,以及文化特征。血红色与中国 5000 年的文化相映,自然而然地成为华夏先民公认的中国国色,中国的红色是我们的祖先靠着勤劳和勇敢获得的。

　　接下来介绍中国青色。中国人自古喜爱青色,通过矿物与植物可以做出的颜色多达 200 种,被选中的中国宋代青花瓷中的青色是非常高贵的。青色能够显示中华民族内心的气势与优雅。"青,取之于蓝而胜于蓝"。青色既有蓝色之冷,又具绿色之暖,是一种冷暖适中、优雅和谐的色调。这种色调体现了宋人所追求的色彩中的理想境界,迎合了当时的审美情趣。此外,青色本身就深具东方气质和韵味。作为中国色彩体系框架的基本要素,五间色是对现实生活的哲学过渡,是中国传统色彩体系成立的必备基础条件,它让中国五行色彩更加博大精深,兼容并蓄。在追求颜色的过程当中,古人也在不断提升自身的审美水平并寻找更优雅的中国颜色。先辈们通过五间色的混合,创造了无限的颜色,这也代表了古人对色彩创造的开放性。时到今日，在设计创作的过程中依然要保持开放，不能守旧，这将带领中国设计找到新的未来。

然后介绍中国黄色。中国古代的皇帝喜用黄色，因为中国古代以农耕为主，农耕的收益最大，古代社会担心百姓因做生意耽误农业发展，所以有传闻表示皇帝穿的黄色官服代表着土地的颜色，当官员来朝拜时会成为一种无形的提醒，督促国家上下重视土地，不能忘本。所以黄色在古代代表着皇帝为了表现治国理政方针的一种皇权色彩。

之后介绍中国白色。中国白色与西方白色不同，它是暖白色的，这可以通过出土的文物得以证实。除了白色，中国的颜色都会以暖色调呈现。

下面介绍中国黑色。中国黑色经常会加入赤色、褐色，不加入蓝色而呈现出来的是温暖的色调。

最后介绍中国紫色。中国紫色不是用红加蓝调和而成的，而是一种偏牛血红色的紫色。

早在商周的时期专门管理颜色的官员叫作"染人"，这些人遵守史册、贯彻始终对色彩的管理，这也证明了华夏先民对色彩的认知深刻、充分，目标明确。几千年不断铸就的技术能力成就了中国丝绸和瓷器畅销世界、经久不衰的历程。56 个民族之间的五正色、五间色是相统一的，但是色彩构成的比例、格调有所区别，从而形成百花齐放、百家争鸣的中华风采。中国历史上最早使用的颜色是红、黑、白，而中国红色代表着华夏民族立命生存的精神符号，沿袭着中华历史与文化的灿烂辉煌。中国色彩源远流长，蕴含着丰富的文化内涵，高度概括中华儿女自强不息的凝聚力。如今，中国色彩文化已经嵌入中华民族的精神文明，成为全球公认的"中国梦"的色彩。中国红色作为中国的强势文化，已凝结在人民

图 9-4 大信董事长为学生讲解中国色彩的现场记录

心中，华夏儿女无论身处何地都会为它怦然心动。图 9-4 为大信董事长为学生讲解中国色彩的现场记录。

9.3 镜像生活习惯、启示未来中国设计思维

　　大信家居集团的家居博物馆所陈列的文物如实反映古人的生活方式。首先，"家"这个字里为什么会有"猪"字呢？猪又对祖先有哪些贡献呢？放眼世界，不是每个民族的生存繁衍都与猪这种动物有关，这取决于地理环境与人文信仰等。研究文物可以发现，那时的房子都会设有猪圈，猪的繁殖能力比较强，而且古人在生活、家畜饲养方面已经开始建立以家为单位的生态系统。古人在家中院子里挖井取水，然后在家中修建厕所，再饲养猪，因为猪可以吃人的粪便生活，所以家中的厕所会和猪圈有连接。猪的粪便还可以作为庄稼和鱼的肥料，这样古人通过循环系统养了猪、鱼和种植农作物，就可以维持一个家庭的日常饮食。从文物中发现中国人对家的观念始终是朴实却又充满智慧的。

图 9-5 大信董事长为学生讲解中国传统生活方式的现场记录

中国自古就有储蓄习惯，从宋代的存钱盒回溯当时中国的 GDP 约占全球的 70%，整个国民经济水平很高，许多家庭中无论大人还是小孩，都会有储蓄的习惯，所以产品类型的出现、进化、消失都与当时的社会状况息息相关。通过观察、研究古人的行为习惯，我们会发现设计不是奇思妙想，是源于对生活的提炼。古代的炊具上面可以放蒸锅，而出口设计的很小是因为可以节约能源。古人烧柴的时候，烟囱将烟排出，通过这个炊具人们可以洗热水澡、喝开水、泡茶。当时的一些灶台设计极具创新价值，烟囱用"套娃"结构层层包围的目的是降尘，一旦厨房的空间变大了，做饭时产生的油烟量也会增加，用这种四层结构就可以将烟尘有效降低。这个案例说明，早在 2000 多年前中国人就掌握了降尘的方法。此外，烟囱上的孔洞的作用是一旦气压降低，可以通过气孔加以调节。通过研究炉灶，可以找到中国人与西方人生活习惯的差异。中国人喜欢吃蒸菜，蒸的方式不但可以解决一顿吃不了的菜，下次再热着吃的问题，也可以减少浪费，而且蒸着吃可以保存食物的营养和鲜味。古人通过这种饮食方式，能够在恶劣的环境下得以生存，并不断壮大。图 9-5 为大信董事长为学生讲解中国传统生活方式的现场记录。

9.4 寻找设计的初心与生命的哲学含义

大信家居集团的非洲木雕博物馆名字叫作"神与灵的对话"。神指的是想象力，灵则是指科学。人类从农业文明过渡到工业文明，后来经过信息革命。信息革命让数据运算和智能化进入生活之中。虽然非洲馆的木雕是传统艺术，但是这种自然、淳朴的艺术风格充满着生命的力量，创造者从中可以尽可能地发挥想象力，也让现代社会去思考古代与现代之间的关联并获得对生命的哲学启示。许多学者认为非洲是人类艺术的源头，这里充满神秘色彩，但他们的文化像锁在保险箱里一样，即便在现代人眼中这些元素不具有现代感，但是其背后的渊源依然需要等待后人不断地探索。据说毕加索在进行创作时也到访过非洲的一些国家，所以在其后期的画作中也能找到一些非洲木雕的影子。所以在其关于创造力和想象力，设计者不要迷信前人创造的成果，因为想象都是有据可循的，只要善于发现，便可以不断找到新的依据并诞生新的创想。

那么，参观非洲木雕博物馆会对今后的设计有哪些启示？首先，设计是科学与艺术的融合，而非洲木雕艺术品是艺术与宗教、社会、民俗相互融合的结果，是延续文化的纽带。木雕作为非洲的公共符号，它体现了原始部落的社会制度与价值认同，它超越了审美的意义，它就是生活本身。非洲艺术打破了古典文明和现代文明的责蔽性，使人们感受到原始文明体温的同时，体现了人与自然的对话。众所周知，世界文化具有多样性，而原始文化具有极强的稳定性，因为站在更广阔的视角上，人类本是同根的。

总之，研究非洲艺术的目的是立足于当前的工业化、智能化、现代化的新时代，从原始文明找回初心，再造新文明，服务新时代，为建立人类命运共同体提供方向性参考。图 9-6 为大信董事长为学生讲解非洲木雕作品的现场记录。

图 9-6 大信董事长为学生讲解非洲木雕作品的现场记录

9.5 企业发展机制和设计战略的四个维度

通过对大信家居集团的实地调研，蒋红斌老师进行了总结发言：中国的设计企业需要新的经营理念、设计定位和观念转化，创新需要找到更加坚实稳固的基础，结合大信家居集团的实地考察，将中国工业设计企业发展机制和设计战略梳理出四个维度。

第一个维度：工业设计企业要善于实地洞察，打造情境还原，这有利于造就产品与用户之间真实的体验与互动。作为用户或者消费者，体验产品的过程实际上是用户通过产品与生活进行对话，所以设计思维将设计放置于原生环境中去洞察目标人群，实时获得用户需求并加以转化、落地，这也是企业良性运作的重要基础。

第二个维度：产品设计师应该将思维融入不同时代的生活情境中，以古鉴今，思考未来人们的生活需求以及如何得到满足。大信家居集团的历史博物馆中展示着古人的生活场景，他们的技术和生产能力可以通过当时的生活、生产工具呈现出来。新时代的家居产品，在流向商业市场的时候，如何获得更好的竞争力？实际上这取决于家居设计竞争力背后折射出来的是怎样的设计光芒，或者反射出的人类智慧程度。设计研究会为国家、社会、企业生态的良好发展起到启示和促进作用。面向未来，设计将运用传统文化与社会建设接轨，中国的设计将融入中国上千年的文明和文化，被传承下去。

第三个维度：要善于在文物中寻找生活、生产演变的内在机制与逻辑，这些文物将成为设计创新中不可多得的"宝藏"。例如，在"家"字底下为什么是"猪"字，这个问题背后是整个生活方式、养殖家畜、地理因素等一连串的演变。更为关键的是，这其中揭示出来的生存道理极有可能会引领未来生活趋势，所以中国的历史文化对于设计创新是一个学术宝藏。

第四个维度：设计需要跨越种族，从人类社会整体层面去思考如何通过文化的共识形成一种新的沟通纽带。物质文化遗产与文物遗迹有一种震撼人心的力量，可以将不同种族相连接，所以在大信家居集团出现了非洲木雕文化博物馆。从设计思维的角度去看人类命运实际上是处于一个共同体之中，所以艺术具有跨文化属性。非洲木雕文化博物馆中有众多案例证实了许多艺术家、设计师会前往非洲采风，他们找到的灵感能代表人类的总体夙愿，所以许多创作并非空穴来风。

通过考察企业希望同学们能够传承和发扬设计的魅力，相信同学们可以看到设计是有"光泽"的，你们要承载时代的任务，并通过设计去与科学、科技对话，如果设计单纯依靠科技会出现许多负面效应，这也是为什么设计需要自身内在的逻辑，需要抓住人对美好生活的向往，通过设计的力量去获得更多人的感动和认同。因此，设计思维的核心始终围绕以人为本而展开，这里所探讨的人指的是整体的人类，等到那时候就有机会去创造文化的标杆。创造文化的内在动力在于设计者生而仁人、善良豁达，能够透过文化看文明，到那个时候设计创作才能获得更多人的赞同。因此，中国的设计才会成为全世界都向往的理想产物，就像中国古代通过丝绸之路将陶瓷销往全球，也许未来的家居产品又一次成为一个时代的新产品。这些产品既环保又具有人文属性，同时还关注人的使用方式并物美价廉，到那个时候相信这将成为新的机遇。

大信家居集团折射出的是中国企业以用户为中心、以设计思维为基本的实践策略，企业的实地考察为同学们提供一个"场域"，通过这个"场域"可以认识到设计实际上是一种智慧价值，是一个社会性组织体系，在未来设计将被赋予这种能量，而不仅停滞在一种产品的外在表现形式上。如果可以站在这样的战略高度去理解设计学科，就可以抓住设计的核心。

大信家居集团博物馆的每一件文物的背后都连接着千百年历史的升温、积累和制造经验。读懂历史是一条充满智慧的学习道路，在其中学生会真正理解中华民族的不屈不挠，祖辈在与自然的博弈之中艰辛获得生活权利的过程是值得尊重的。这种生生不息的坚韧是中华民族与生俱来的精神，也是中国企业家不断革新技术、积极进取的创新精神。希望未来通过大家的努力可以促进中国更多的企业把设计思维、文化反思研究、事业爱好加以整合，之后再开放性地进行社会回馈。图 9-7 所示为蒋红斌老师对企业考察的总结汇报现场记录。

图 9-7 蒋红斌老师对企业考察的总结汇报现场记录

参考阅读书籍与文献

[1] 洛可可创新设计学院 . 产品设计思维 [M]. 北京:
    电子工业出版社 , 2019.

[2] 糜强 , 蒋红斌 . 产业融合中的工业设计人才培养
    机制 : 广东顺德工业设计研究院研究生联合培养
    机制为例 [J]. 设计 , 2015(15):37-39.

[3] 蒋红斌 . 大数据平台上的企业设计战略 : 以维尚
    集团的设计实践为例 [J]. 装饰 , 2014(6):36-39.

[4] 柳冠中 . 中国工业设计产业结构机制思考 [J]. 设
    计 , 2013(10):158-163.

[5]   蒋红斌 . 工业设计创新的内在机制 [J]. 装饰 ,
    2012(4):27-30.

单元三

设计的交叉

3

设计的交流与交叉

挖掘交叉学科之间的优势，有针对性地根据设计要求和目标，相互配合，在发现、分析、判断、解决问题的过程中培养设计思维能力，运用设计原理、材料、构造、工艺、视觉元素实现设计造型能力、从思维到实践的训练，最终达到综合设计能力的升维。

10.1 互助：交叉学科的优势互补

技术是工程学科的基础，包含力学、材料、生产方式和数字化实现等方面的内容。学生崇尚科学精神，依据因材施教原则，课程中鼓励他们从新兴科技趋势入手去寻找设计的机遇。以人为中心则是设计学科的基础，其中包含对用户生理、心理的调研，产品的可用性和人机交互关系，以及用户对设计美学的诉求。

研究交叉学科背景下复合型创新人才的培养途径，将艺术学院与综合型大学的教学资源进行整合与对接，实现多学科、跨学科融合的课程教学与教研模式。探索"科技先行"与"设计先行"两种截然不同的创新渠道，通过设计思维关注人类的未来发展和国家的政策战略对设计革新造成的影响。通过调动团队对设计思维整体的人文概念进行分析后，引导学生从人文科学与自然科学两个层面去认知设计、认知世界，就像数学、物理、化学这些都是对人文世界的理解。当运用设计思维去创造事物的时候，要注重如何通过设计促成艺术与科技之间的"对话"。

在交叉学科的人才培养中，相比于具体技能的掌握，跨界思维能力和协作能力是更重要的目标。交叉学科进行设计联合要关注三个阶段：第一阶段是导入设计课题任务和目标，需要打破不同学科固有思维的束缚，并及时建立新的共同兴趣；第二阶段是中期的设计理论知识讲授，需要将重心放在基础知识架构的思维搭建上，同时要加强多元知识的输入；第三阶段是后期的小组协作，需要鼓励成员间互相启发，发挥各自的专业特长。

多学科跨界协同引导设计者关注跨时代的科技走向、用户行为与社会变迁，以及对未来生活的反思。其一，跨学科交流可以鼓励团队从不同的思维方式出发去思考设计创新的突破点和契合点。其二，组织实地企业考察，引导设计者跳出设计思维的理论架构，从企业层面或者是从产品原型创新的层面去理解设计，进而了解企业的产品设计战略思维，这将有助于设计成果更加落地，并学会如何与产品打交道、与工业设计企业打交道、与企业家精神打交道。

10.2 互动：跨学科的知识沟通

中国工程院李培根院士在《工科何以为新》一文中强调知识的"关联力"。用设计思维去审视科技与人文的发展，可以断定科技发展的终极目标并非主导生活，而是引发人们对美好生活的向往，即通过技术和生产力驱动的设计创新将让位于以人为本、关怀社会的设计，这便是欧盟《工业5.0：迈向可持续、以人为本和富有弹性的欧洲工业》报告中的核心定义。那么，人本主义精神作为设计思维的内核观念可以在多学科、跨学科之间引发最广泛的共鸣，发挥设计思维的"关联力""组织力"和"创造力"，引领交叉学科从微观产品层次向中观企业组织层次，再向宏观社会生态层次不断升维。其中微观层次的设计思维能够引发"点到点的设计创新"，即以产品设计为核心，有创造性地解决当前用户的痛点以及满足他们的需求；而中观和宏观层次则构成"点到系统的设计创新"，所构想的设计将有可能改变未来的生活、生产方式，即"前沿创新"。这种创新触发学科

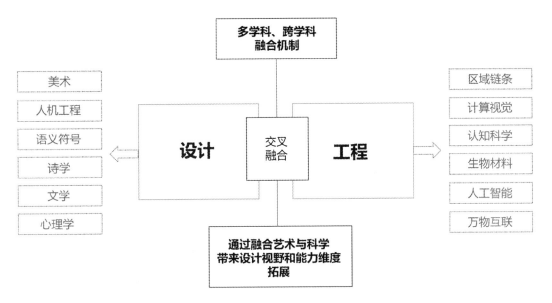

图 10-1 设计的交叉融合

交叉融合、突破平庸、追求卓越和打破界限。在此进程中通过设计思维在各学科之间形成优势互补是释放设计最广泛势能的关键要素（见图 10-1）。

　　融合克劳斯·雷曼教授在《设计教育：教育设计》一书中归纳的三个教学模式，将教学目标锁定在三个层次的优化与迭代之中。首先是认知教学，旨在使认知、思维训练和观察眼光变得更加犀利、敏锐，以摆脱既有模式的束缚，为认知的发展开辟新路。其次是创造教学，旨在发展实践操作进行实验的能力，激发学生发明创造的灵感，发现不同材料、制作过程、色彩、形状，以及表面处理方法的规律，并培养学生视觉化和展示等相关方面的技能。最后是思考教学，旨在为设计工作发展一套评估标准，并提供一种"设计语言"模式。设计学科与多学科进行知识整合，打破学科背景、地域限制、设计表达差异来进行交叉学科的融合，在进行设计创新的过程中，尝试形成优势互补团队来突破学科知识的局限性，最大可能地实现了设计的跨界与创新。

10.3 互合：多学科的思维汇合

交叉学科跨界交流通过设计思维寻找契合点，通过评估不同学科优势形成互补且高效的设计运作团队。同时，设计团队在设计组织的过程中，要不断了解和挖掘联合团队中每名成员的优点和潜力，鼓励成员以自身学科为背景进行设计创造。因此，项目的机遇和挑战在于每一次组队都不尽相同，项目课题不能一成不变，要根据与成员的互动情况与诉求引发来设置设计的任务和难度，以激发团队之间的互动和学习设计的动力与热情。

设计思维尝试通过科技革新引发新的设计思辨，以科技为中心进行的思维拓展涵盖科技与产品、科技与使用者、科技与生活、科技与环境等维度，通过科技赋能产品，解析其生产原理与运行原理，解构和重构不同场景和不同用户的需求，以实现技术－产品－使用者－环境之间的对接。其优势可以归纳为两个方面。第一，营造"陌生感"和"熟悉度"，其中"陌生感"对设计者而言意味着某种科技距离大众生活的时间、空间远近。如果距离拉近，往往这种科技已经受到社会的广泛关注和应用，并且已经进入投产开发和大众服务阶段。因此，在课程中教师可以鼓励学生将具有"陌生感"的科技原理引入设计之中，会带来更具潜力的创新机遇。"熟悉度"可以理解成大众对科技转化产品的接纳程度，这需要设计者从多方面进行协调并潜移默化地改变大众认知。第二，透过"物"的表象去思考"事"的本质，因为许多技术原理可以用来解释生活、生产中的本质规律，引发从科学原理到产品创新，再到人的认知原理的螺旋形升维思考。所谓"物"，是指产品。通常来讲，从具体产品层面进行设计创新造成的影响会比较单一、微弱，如果将"物"与"物"之间建立关联并积蓄势能，再借助科技力量，将引发更为宏大、更为持久的社会影响力。

为了让交叉学科设计活动的演练更为生动，首先在设计过程中会安排团队进行产业实地考察，以此契机去观察和理解设计如何走入企业生产，企业又是如何跟进用户需求和引领产业发展的；其次，要重点关注教学的深度和产出成果的价值，通过设计思维和产品设计战略的知识体系架构，连接艺术与科学、理论研究与社会实践，要厘清产品设计由内而外的构成原理和原则，通过解释厘清如何解构和建构一个产品，同时要通过具体设计实例让对接于实际生活、生产中的设计原理得以运用；最后，要强化实践主导的设计训练、实地企业考察和产业与企业设计评价，三者形成一致性关联。从设计思维到产品设计战略进行一次交叉学科跨界融合，以产业和学界双视角，通过设计创新展开跟用户、企业、社会的对接。

参考阅读书籍与文献

[1] 黄红春，黄耘，陈星宇."新文科"背景下的四川美术学院环境设计专业教学改革思考与行动 [J]. 装饰，2022(6):66-67.

[2] 董玉妹，王婷婷."新工科"建设背景下荷兰 3TU 跨学科工业设计人才培养的经验与启示 [J]. 装饰，2021(12):100-104.

[3] 赫克，范戴克.VIP 产品设计法则：创新者指导手册 [M]. 李婕，朱昊正，成沛瑶，译.武汉：华中科技大学出版社，2020.

交叉学科的设计思维

交叉学科促使设计思维将科技与人文高度融合。其中，科技是指利用科学知识和技术手段来解决实际问题、改善生活、推动社会进步的一类活动和产物。它覆盖了广泛的领域，包括但不限于信息技术、生物技术、工程技术、医疗技术等。科技的发展通常伴随着创新、发明和应用，对人类社会的发展产生深远影响；人文领域覆盖了广泛的学科和主题，包括文学、历史、哲学、艺术、语言学、宗教研究等。这些学科致力于研究人类文化、价值观、信仰体系、艺术创作等方面的内容，旨在理解人类思维、行为、社会组织，以及其与环境的关系。

11.1 艺术背景的思维优势分析

拥有艺术背景的学生在本次课程中的优势主要体现在可以熟练应用设计研究方法，整合调研资源并逻辑性地呈现设计调研报告。同时，对设计思维的多维度原型表述与呈现也为课题深入和成果产出奠定了实践基础。设计学科的学生大多具有良好的艺术功底，对于美的形式、高品质的用户使用体验具有极强的感知力。同时，设计学科关注以人为本，对未来设计的研究重点从人类社会基本功能需求逐渐转变为复杂情感因素所引发的全新挑战。面对未来，人工智能、万物互联、数字孪生所带来的设计问题将越来越复杂，仅靠单一的设计学知识将难以胜任。面对"新挑战"，不仅需要敏锐的洞察力和创新设计思维，更离不开多学科的支持与协作。在设计的主导下将众多学科协同在一起，通过多学科知识的交叉融合，才能共同实现协同创新的既定目标。

11.2 非艺术背景的思维优势分析

　　非艺术学科的学生，例如工程学科学生的优势在于对产品技术原理的敏锐捕获，因为没有接受专业的设计学习与训练，他们可以摆脱设计流程的束缚，从科技先行的角度，将新科技带来的新探索、新发现通过知识体系地图加以呈现，这将为设计带来海量的创新点与突破口，而且这样的设计创新将更为深远地影响人们的未来生活，甚至深刻地改变着未来社会的结构。然而，在课程实验中教师团队发现，无论工程学科还是设计学科，同学们会在资源生态可持续观念上形成共鸣，这意味着肩负社会责任的能力是多学科的共识。无论设计还是科技都有可能导致资源匮乏、生态失衡、灾难频发，甚至还会因技术的突飞猛进而导致社会和伦理的深层危机。因此，面向未来的全新挑战，跨学科协作可以促使知识、人员的交叉融合，通过协作共同实现面向未来的可持续设计创新目标。

11.3 方法层：设计思维——设计实践与原型创新

　　交叉学科设计创新分为两个层次，即方法层和方略层。在方法层的教学研究中，教师侧重通过设计思维的方法与工具引导学生进行设计实践与学术研究，这个阶段对学生而言，因为产出了大量课程成果所以收获是"肉眼可见"的，并且具象的方法学习有利于在今后的设计中反复利用、更新迭代和举一反三。在方略层的教学研究中，教师则需要引导学生站在一定的高度上去思考设计的走向趋势和企业的发展战略目标，学习的产出成果不一定是物化的具体产品，也不限于微观层面的创新，但是"抬头看路"的作用在于开启学生的学业格局，将自身发展放置于整个社会需求、国家方略的层面中去，这有利于推动和提升未来设计在整个企业组织中的地位和价值。

　　设计思维是启动设计、形成设计创造逻辑的基本起点和核心方法。蒋红斌老师认为，延展设计思维的内在逻辑，它的工作思路和价值理念的内在结构与关系十分关键。将其梳理三个层次：①赋能时代的要求；②拓展创新的方略；③提升设计的美育。反映到课程当中会分为两个阶段或方向目标，首先，从设计学科、工程学科不同视角理解设计思维，并对比两者之间的差异，找到不同学科思维方式的优势，并进行资源整合。实际上，思维是一种用思想进行的预测性工作，其中需要结合自然规律和人文诉求。艺术作为人文学科的顶点，将人的诉求从生理向精神方面层层推进。其次，构建更好的艺术与技术的"对话"，这是设计的内核价值。此外，设计思维可以是围绕着战略起点做系统管理，也可以是源自科学或工程成果，从实验室里幻化成未来技术趋势的原理型平台。不管哪个企业的创新创业活动，核心是要在生活当中寻找到有价值的产品去定义它，然后形成组织形态去拓展它。一个国家如果按照这样的形态来构建人才，这个国家的创新力就会生机勃勃。

11.4 方略层：设计战略——企业管理与组织考察

如果说"包豪斯"为工业设计画出了在工业社会中，作为独立分工的"起跑线"，那么"福特模式"就是工业设计组织在企业中的里程碑，日本的设计产业振兴会则是现代工业产业形态深化背景下工业设计产业集成进一步演化中的典例。工业现代化的进程表明，企业与产品的创新成果需要在国际、国内的市场竞争中合理规划各要素的配置效益，实时调整竞争策略和企业战略。2001年后，随着中国加入世贸组织（WTO），中国工业设计得到了快速发展。"中国设计"越来越多地在国内外市场竞争中显露头角，并依靠设计涌现出一批具有国际竞争力的企业，这些企业领导者开始从 OEM（Original Equipment Manufacturer，制造主导）/ODM（Original Design Manufacturer，设计主导）向 OBM（Original Brand Manufacturer，品牌主导）模式过渡（见图 11-1）。随着中国市场的进一步开放，外国产品进入中国对本土制造业企业构成空前挑战，纽约大学理工

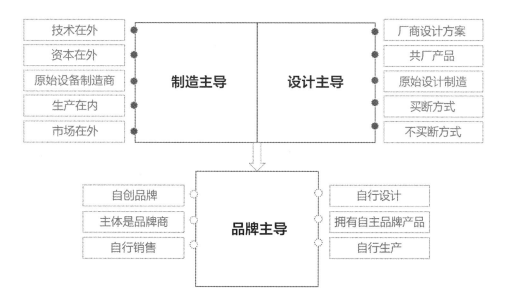

图 11-1 OEM/ODM 向 OBM 模式过渡

学院金融工程系塔勒布教授在《反脆弱》中说："风会熄灭蜡烛，却能使火越烧越旺。对随机性、不确定性和混沌也是一样，要利用它们，而不是躲避它们。"互联网、人工智能、虚拟现实技术、移动通信和智能交互产品的不断普及，使新一轮的生产革命对人们生活方式的多样化需求进行了细分，而考验企业竞争力的标准却始终如一，那就是能否接受市场竞争的考验。

企业实地考察有利于学生理解设计思维向设计战略的过渡，蒋红斌老师认为，所谓"设计战略"，就是将设计的本质与实际事宜的主旨，以及目标做系统的分型与分析，进而形成一个尽量完整的、可分步骤实行的策略。在这个策略的指引下，能动地按描述目标铺陈开来，有机、动态地驾驭阶段成果，直至全面完成。通过设计战略可以赋能企业而发展出产业设计思维模式。在企业逐利的过程中，设计思维与战略可以转化为企业的核心竞争力。企业创新是更为宏观的设计创新，对于国家意义重大。可以将企业比作现代经济体系中的细胞，或者和平年代国与国之间竞争的主要媒介，当然还可以把它们看作以设计为发动机的市场创新机制。由此可见，设计思维与战略不光是一种思维训练方法，也不仅作用于设计学科本身，它是可以赋能企业创新的内核力量。

参考阅读书籍与文献

[1] 周星，董阳.艺术学科与新文科建设关系的观念思考[J].艺术设计研究，2020（3）:108-114.

[2] 何宇飞，李侨明，陈安娜，等."软硬兼顾"：社会工作与社会设计学科交叉融合的可能与路径[J].装饰，2022（3）:24-27.

[3] 邱松，徐薇子，岳菲，等.设计形态学的核心与边界[J].装饰，2021（8）:64-68.

[4] 刘婷婷.设计学与社会学的对话:以加州大学圣地亚哥分校"文化与交流"项目为例[J].装饰，2022（3）:127-129.

交叉学科的人才培养

　　设计的组织性体现在对参与设计的工作人员实施汇合。这种汇合不局限于物理层面的聚拢，更为关键的是在多学科和跨学科背景下形成人才的思维汇合。在企业设计实践中以设计为主线，拉动销售人员、技术研发人员、生产制造人员与设计者进行动态互动。因此，设计促使了人与人、知识与知识的沟通与再造。

12.1 看：调研方法的融合

　　根据设计学科和工程学科学生的特点，将设计调研划分为两部分：产品设计调研和产品技术调研，其中产品设计调研从空调产品的市场趋势、竞品市场、企业调查、设计机遇与挑战分析、投产产品和概念设计分析等方面展开。通过以上设计设想会发现，设计与科技原理和生活需求紧密关联，进而引领产品获得改进迭代甚至是颠覆创新。设计思维引导多学科研究者将视角从产品创新研究演变到关于生活方式的研究，从实际生活再探索发现更加广阔的创作空间。如果产品在生活中扮演着道具的角色，那么掌握生活方式的规律性，便可以更深层次地迭代和颠覆设计，所以对产品创新的研究是方法层面的研究，而对生活方式的研究则上升为战略层面的研究。所谓产品设计战略，可以理解成策略或者方法。设计战略将引导学生从宏观的角度去思考设计、社会、企业、市场之间的关系和发展模式。

　　那么，寻找生活方式规律性的具体计划，其一是人的个体意志，对目标人群的调研不仅要关注他们的行为，更为关键的是人与人之间的关系分析。在设计中不断强化人本主义精神，也呼应着设计为大众更好地服务的决心。众所周知，设计解决了从针对个体的个性化服务向大众批量化生产的过渡问题，于是批量化与标准化变成了现代化生产的标志。所以研究生活要参照人的社会意志，人是社会性动物，所以人类的行动、意志、决定都会受到社会的影响。个体意志代表的是个体的特征，社会意志则代表集体的趋势，将两者结合统称为大众，而大众的生活方式依然受到工业环境（经济技术条件）的制约。当尝试串联这几个关键词（目标、人群、运动、变化）时，你会发现整体的设计创新演变的核心在于人类的生活、生产目标在不断变化。人们的目标和标准会因外部环境的刺激而发生改变，这就是设计创新所需的环境因素。

在理清设计创新的内在逻辑后，接下来，结合设计调研方法，探讨如何将技术原理与设计概念相融合。这种融合并非物理性的叠加和组合，"创新理论之父"约瑟夫·熊彼特认为：任何设计都可以拆解为"产品、技术、市场、资源和组织"这五个基本要素。将这些旧要素进行重新组合，便可称为创新。图 12-1 所示是组合创新法的分解模型。这种创新的方法论，简称"组合创新"。因此，技术先行的设计目标是：1+1>2，这意味着在设计创造的过程中不同要素之间将发生"化学反应"，以增强新的概念所带来的产业、行业、社会影响力。

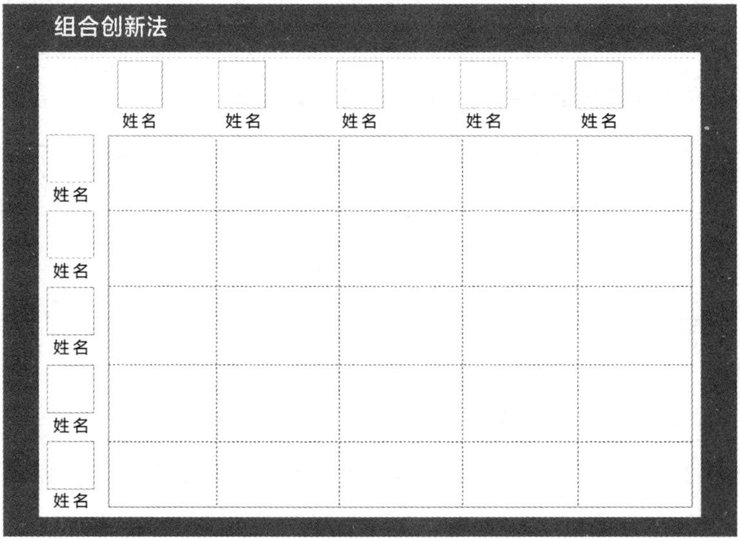

图 12-1 组合创新法的分解模型

12.2 思：设计思维的融合

设计思维是将艺术与科学高度融合,但是设计实际上既不是科学也不是艺术,在今后会以多种形式的交叉学科出现在学术领域之中(见图12-2)。柳冠中教授说:"设计是人类的第三种智慧。"如果说艺术与科学是人类文明的两个向度,那么设计则引领人类开创未来。设计让人类有机会去关注人与造物、人与艺术、人与技术、人与社会的关系,也有助于定义生命未来的价值。未来,人类将以什么样的姿态去关注自己的生命和灵魂?这种对哲学、对人文的高度探索精神,融合设计思维将构成人类对未来社会、城市、人造物的重塑与反思,这便是设计思维的研究意义。作为设计者,要时刻关注人的生命应当放在一个什么样的社会环境之中并予以尊重。在课程的开始阶段,希望来自不同学科背景的同学能够通过课程汇聚视角,从生产、生活相结合的模式中形成一种探索精神,而这种精神正是设计文明的发展方向。蒋红斌老师认为:"设计不是为了坚持某一种文化,或者为某一种文化做诠释,更不是某些权利和资本的备注,而设计应该变为人类未来自我生命驾驭的一种力量,设计不但尊重人类艺术中灵魂诞生的璀璨花朵,而且应该注重同一时代中科技的走向。"

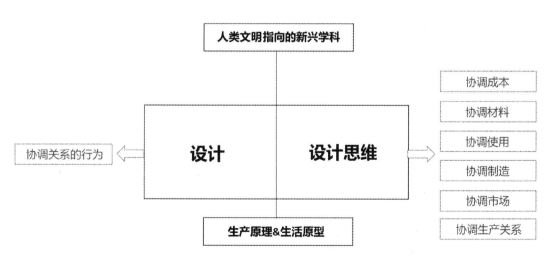

图 12-2 设计与设计思维

12.3 学：创新策略的融合

什么是设计创新策略？日本北陆先端科学技术大学院大学知识科学系主任永井由佳里教授说："有志于改变世界的设计师总是在寻求新的路径，想要以此挖掘自己的创新潜能，即便他们已经是极有创作热情的人，也还是不愿停歇。这种寻求是一种驱动力，指引他们成为深刻的思想家，也驱使他们学习新事物。不过目前来说，他们总得先做最基础的研究，方能理解复杂的问题，也就是在设计领域本身当中寻找解决之道。"全球领袖筹备基金会研究主任、法国巴黎第五大学（索邦大学）经济学与心理学教授布兰登·桑希尔·米勒认为："设计者所做的工作，不仅是为企业创造财富、实现范式转型，更是将设计的角色从寻找问题转变为预测问题，并且还能告诉我们，与这个技术变革不断加速的世界应该如何自处与实现设计创作。"阿尔托大学艺术、设计与建筑学院战略设计方向的教授安蒂·艾纳莫发现："设计正在全世界范围内发生巨大的变革，从'产品创新'转向'过程创新'，从'实践领域'转向'思想与研究的领域'。"设计创新是国家、企业、公司国际竞争的核心要素之一，也是设计思维的主要特征之一。设计思维作为一种实现创新的新方法和新途径，为人们提供了一系列步骤和工具。设计创新驱动发展的社会的商业领域、产品设计领域、服装设计领域、公共设施设计领域、艺术设计领域，以及交通设计领域等都在强调和关注设计创新的流程和方法。

设计创新的策略是取之不尽的，激发创新的方法也是用之不竭的，面向未来，交叉学科的设计创新将基于多学科研究方法的总和。设计学科的优势在于对其他学科的方法、思路和路径的吸收与消化，进而将其转化为设计创新源源不断的动力。事实上，设计创新的模式有两种：一种是在原有创新点的基础上的持续优化改进；另一种是两条创新模式在某一时期实现切换的非连续性创新。通过将非连续性创新与连续性创新进行对比（见图 12-3），可以帮助设计者在创新过程中做好切换思维或持续蓄力的准备。"创新理论"和"商业史研究"的奠基人约瑟

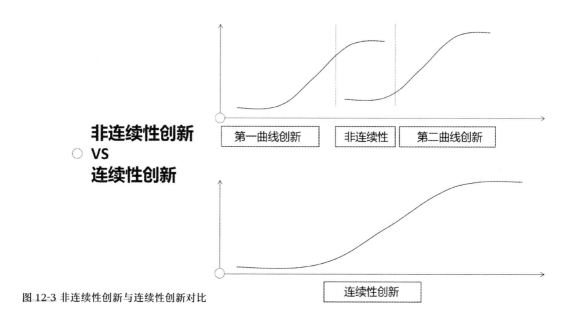

非连续性创新
vs
连续性创新

第一曲线创新　　非连续性　　第二曲线创新

连续性创新

图 12-3 非连续性创新与连续性创新对比

夫·熊彼特说："无论把多少辆马车连续相加，也绝无可能出现一辆火车。"他坚信，只有从一条曲线到另外一条曲线的非连续性创新，才能产生经济的十倍速增长。这便成为非连续性设计创新策略的理论基础，这是一个关乎时间的概念，当从第一曲线创新转向第二曲线创新时，两条创新曲线是非连续的，只有跨越非连续性的过程，才能继续为产品、企业、社会带来创新成效。例如，当线下商业的发展受阻时，阿里巴巴推出了线上购物平台：淘宝网，实现了一次购物平台的非连续性创新。

　　连续性创新是指任何产业、技术、产品、企业，沿着 S 曲线的周期，进行持续改善、渐进式增长的创新。连续性创新具有以下三个特征。第一，沿着 S 曲线持续改善原有的产品性能。连续性创新是在原有技术主要框架不变的情况下，以效果优化为目的的局部修复或改进。第二，定位于主流市场的主流消费者。在连续性创新过程中，企业对原有技术的发展会基于主流市场迅速地商业化；在获取利益的同时留住顾客，并不断改进技术让其起到持续创造商业价值的作用。因此，连续性创新的品牌知名度往往会越来越高，企业的毛利率也会越来越高。第三，更好。例如，有两个励志公式：1.01 的 365 次方和 0.99 的 365 次方的对比。意思是每天多做一点点，一年后积少成多就可以实现质的飞跃，但一年中的每天都少做一点点，一年后会跌入谷底。这里讲的 1.01 的 365 次方涉及的就是连续性创新的概念。

综上所述，当企业的产品和技术处于竞争基础稳固，且具有较高市场趋势预测能力时，企业的最佳选择就是连续性创新策略。

12.4 做：实践路径的融合

交叉学科设计实践的执行流程参考《设计思维手册：斯坦福创新方法论》中的微观设计周期（见图 12-4），作者迈克尔·勒威克强调："设计思维以一种强大的用户导向和多学科团队的快速迭代来解决问题，它同样适用于重新设计产品、服务、流程、商业模式和生态系统。"以学科跨界融合的方式进行产品设计创新，可以联合来自不同专业背景，以技术原理导入设计创新，为设计教学带来新的思路和拓展空间，设计的成果产出重点关注产品设计中结构与使用原理元素对创新的驱动力。在设计项目中可以招募一半以上非艺术学科的成员。例如，理工科背景的参与者，他们在未来可能会成为工程师、产品经理或者科学家。利用融合型的设计创新实践可以让理工科的成员有机会利用艺术家和设计师的思维和视野去思考问题。因此，设计思维的影响深远。

拥有设计思维是一种对事物的预设和预判能力，面对变化莫测的未来世界，鼓励项目成员尝试驾驭生活和生产中的变化，而不是随着变化而被动地做出抉择，这会给项目参与者带来全新的思维模式和处世观念。在项目中，具有理工科背景的参与者可以负责产品的技术调研，对未来技术进行探测并引领设计团队共同思考将技术结合到产品创新的可行性，针对团队给出的技术方向，就设计的兴趣点

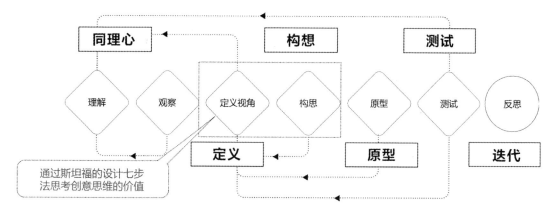

图 12-4 斯坦福的微观设计周期

进行自由分组，尝试以技术先行的角度展开一次突破常规的概念设计实验。依据"技术先行"的设计策略，根据设计思维的创新方法，设计团队展开关于具体产品的概念设计，根据项目主持人的建议，从立题到设计定位，再到后期的原型呈现与测试迭代，经过多次反思与优化，并强化设计的技术原理和生活观念引领两个方面。

参考阅读书籍与文献

[1] 李善友.第二曲线创新 [M].2 版.北京：人民邮电出版社,2021.

[2] 齐莉格.斯坦福大学创意课 [M].秦许可，译.南昌：江西人民出版社,2018.

[3] 勒威克,林克,利弗.设计思维手册:斯坦福创新方法论[M].高馨颖，译.北京：机械工业出版社,2020.

[4] 贾斯蒂丝.设计的未来:面向复杂世界的产品创新 [M].姜朝骁，译.杭州：浙江人民出版社,2022.

[5] 蒋红斌.基于设计思维的工业设计教学方法 [J].苏州工艺美术职业技术学院学报，2015(3):7-10.

[6] 蒋红斌.设计的前沿 [J].设计,2015(15):36.

交叉学科的教学规划

挖掘交叉学科之间的优势，在各个学科领域之间建立联系并促进创新，打破学科的局限性，促进知识的整合和创新，为解决复杂的现实问题提供了新的思路和方法。

13.1 对教研架构的规划

交叉学科设计课程的教学规划包含三个阶段。第一阶段，通过理念讲授引导学生对设计的定义、设计思维的作用、相关原理，以及可拓展空间有一个比较完整、系统的理解。课程中涵盖的知识点包括：设计、设计思维，以及工业设计在当代社会实践当中的特质。由此激发学生对设计与工业设计的学习兴趣，课程的受众不仅包括设计学科的学生，其范围正在向工科与文科不断拓展，让大学真正成为一个学习兴趣与专注点的培养皿，学生通过多学科、跨学科知识的学习和储备，找到自己的兴趣点。

第二阶段，通过系统学习让学生进一步了解当代的企业和设计之间的关联。具体方式是去接触、剖析企业的内在机制，让工程学科与设计学科的同学在课程中对接，形成跨学科、跨专业的团队来进行一次产业专题设计。其呈现的成果将突破以往设计为主导的思路，让"科技先行"引领学生在短时间内快速响应课题和表达设计理念，最终产出一批具有引领未来趋势价值的设计成果，通过以产业为背景的设计训练可以让同学们理解设计能够跟企业发展战略深度融合。

第三阶段是穿插在课程中的企业实地考察，以国家级工业设计中心中的典范为考察据点，对其进行企业案例分析，揭示企业与大众生活方式、生产模式之间的关联，为学生提供沉浸式理解设计的机会。众所周知，设计不光是一个科技应用成果，它最大的价值在于能够还原到生活当中去体察现实的生活需求，这也促发学生深入理解技术与创造的终极目标是以人为中心。在如今的时代背景下，审视技术与设计的发展，未来人类的战略目标并不是技术引领生活，而是向美好生活的回溯，即通过技术和生产力驱动的设计将让位于以人为本、关怀社会的设计，这便是工业 5.0 的核心定义。欧盟预测："工业 5.0 将优先考虑'人类的福祉'，关注环境减少碳排放，新的工业革命将以人为中心。"以英国中央圣马丁艺术与设计学院为主导的设计院校在 2022 年宣布开设工业设计 5.0（MA Design for Industry 5.0）专业，其培养以目标为导向的企业家精神，即了解如何使用新技术，允许分散的本地制造和联合生产，以造福人类和地球为终极目标。所以，设计的人文指向决定了设计要和科技"握手"，为人类福祉前行。

13.2 对课程机制的建构

交叉学科设计课程可以采用联合课程模式，其本质和主旨是鼓励不同学科、不同学习程度的学生运用设计思维去践行"如何思考、如何创新"，从最初为解决人们生活中的需求和难题，逐渐扩大到如何协调人与物（造物）、人与人（社会）、人与环境（生态），乃至人与未来（趋势）的关系。由于面临的问题越来越复杂，导致解决问题所需的知识也更加多元、交叉。于是，设计的重心便逐渐从"创新"转变到了"协同"，其研究重心也从专注于"技"（解决实际问题的能力）的巧思与妙用，上升至"道"（指导实践的理论方法）的研判与运筹。因此，多学科与跨学科的融合机制将贯穿课程的三个阶段，从设计思维到产品设计战略，多维度夯实多学科背景学生的研究能力与实践能力。所谓的多学科交叉是众多学科为了实现共同目标而开展的广泛合作与创新。跨学科则是为了突出或强化某一学科的发展而进行的不同学科的合作与创新。从发展趋势来看，设计学既需要多学科交叉，更离不开跨学科交叉。

爱德华·威尔逊在《知识大融通》一书中提道："光凭学习各学科的片面知识，无法得到均衡的看法，我们需要追求这些学科之间的融通……当各种学识间的思想差距变小时，知识的多样性和深度将会增加，主要是因为我们在各个学科之间找到了一个共性。"未来的社会发展必将依托多学科的协同与创新，要想实现这一新的转变，就需要建构新的学术生态，而其中的关键首先就是要实现多学科的知识融通。通过联合课程教学实践进而形成一个尽量完整、可分步骤实行的学科协同创新的教学方略。

交叉学科设计课程的设置可以引导学生从认识设计思维向产品创新，再到产品设计战略高度转移，即完成思想从微观到宏观的转变。同时，课程将未来社会发展的思考与构思作为设计目标与方向，引领学生透过"物"的表象去思考"事"的本质，即寻找不断变化的人类生活方式与生产模式的内在规律。由此可见，课程设计的机制研究本身也可以作为一种深层次的设计组织方式，运用设计思维与协同创新方法与学生进行多维度的"对话"。

13.3 对教案纲要的推敲

交叉学科设计课程的教案可以围绕设计思维、产品创新、产品设计战略、产品设计人才培养、科技与艺术融合策略、工业设计企业洞察等关键词展开，通过多个阶段的设置将生活方式、生产模式、企业生态、生存环境和伦理道德等内容与课程紧密相关，从中体现课程规划团队的责任担当与战略意识。

所谓设计思维，可以比作一种取之不尽的"可再生资源"。《产品设计思维》

一书中认为："设计思维是以用户为核心，强化美学和创造性，在看、思、学、做中捕捉一切美好的事物，并思考如何让世界变得更美好的学习与思考过程。"设计思维能力不仅局限于产品设计行业内部，站在全局视野，它将成为人类生存、发展的重要保证。具备了这种能力，学生就可以在不断变化的世界中寻求成功的路径，面对问题和困难时获得更科学、更有效的解决方案。当设计思维能力提升后，学生会发现越是困难的背后越是隐藏着极具潜力的机会。既然困难险阻中蕴含着机会，每一次接受挑战亦是获得突破创新的破局点。

那么什么是产品创新？创新的概念最早由经济学家熊彼特在 1912 年出版的《经济发展理论》中提出，他认为："创新是指把新的生产要素和生产条件的结合引入生产体系，其中包括五种情况，分别是引入一种新产品、引入一种新的生产方法、开辟一个新的市场、获得一种新的原材料或半成品供应来源以及实现一种新的组织方式。"创新意味着推陈出新，敢为天下先。但并不代表创新是少数人的专利，根据产品创新实践与教学经验总结，可以找到创新的内因与外因，由此确定产品创新能力是可以培养和提高的。在学习中掌握一套科学合理的研究方法，以辅助揭开产品创新之路的奥秘，指引通往创新的大门。此外，影响产品创新的因素包括知识、动机和环境，在设计课程中营造有利于培养产品创新的氛围，也会对于思维能力的提升起到正向促进作用。

接下来再来思考产品创新思维与产品设计战略之间存在哪些关联。张楠博士在《设计战略思维与创新设计方法》一书中认为："设计战略的本质在于将设计思维融入企业发展战略之中。"设计思维对企业的影响可以是有形的，因为它为企业带来直接的财务回报，但也可能是无形的，通过影响难以量化的因素，如企业的文化和战略资产为企业的未来业绩做出贡献。现代企业把设计思维作为创新驱动以及建立市场领导力的重要手段。这也给设计师与管理层紧密结合的机会，并在产品的前期研究、设计实践与商业转化等环节上进行协作。企业重视设计思维，将其与企业战略相融合，从而实现对设计价值最大限度地挖掘。

纵观中国高校产品设计的课程模式，基本可以分为以下几种，首先是以高校内部专业教师为核心的形式，课程围绕一类设计主题带领学生展开相应的调研、定位、原型和展示，学生通常来自同一专业、同一年级，往往因设计方案过于类似，学生能力水平相近，导致课程维持几年后没有实质性突破与不断优化，久而久之，师生均会对课程产生厌倦情绪。其次，是以高校内部教师与企业设计师为共同主导的课程模式，课程围绕真实的企业课题开展实地走访、企业分析、产品标准输出、设计执行等环节。学生可以通过真实的企业对接，企业设计师的经验分享与设计点评，了解产品设计企业服务的真实情况。但问题是直接引入现实设计项目，受项目的可延展性和规定条件所限，学生无法建立创新的积极性，并且往往会发生设计成果趋同、设计效率、质量与创新含量低下等问题。最后，是以设计竞赛为主线的课程模型，教师会引领学生对竞赛主题进行解析并实施相关主题的设计创作。这种课程会受到竞赛截止时间的影响，虽然短时间内可以涌现出一大批设计概念和想法，但是因没有充足的时间执行设计迭代与反思，会造成多数方案在实际应用中缺乏可执行性与现实意义。

通过对以上课程模式的分析，让课程规划者与执行者意识到产品设计课程实验与革新势在必行。面向未来的设计，人类智慧将与人工智能高度融合，进而使整个社会系统达到过去无法实现的卓越水平，将未来、艺术、科技、创新、战略融合的授课理念会给产品设计课程带来新的机遇。

13.4 对教研实施的组织

交叉学科设计课程的组织与实施秉承设计创作与设计研究相结合的理念，在理解设计思维的内在机制和设计创新的内生逻辑的基础上，深度考察企业和行业的趋势特征，进而引导学生团队结合自身学科专长，提出具有前瞻性的设计方略。因此，教师团队身体力行启发学生在设计过程中不要为了创新而创新，而要有能力建设设计创新的依据。同时，课程的各个阶段围绕设计实践、设计研究、设计实践形成循环递升模式，其中教师非常重视中间的学术研究部分，因为没有设计研究作为基础的设计活动，在本质上是流于形式的，是表面和装饰，其产出的成果也难以经得起时间的考验和生活的验证。

综上所述，课程的组织方式强化了设计研究的延伸性和持久性。

基于授课学生的学科背景调查与沟通，将课程规划为半结构式的预备性方案。以学生的课程体验和收获为中心是课程的关键特色。最后是课程的现场组织工作。由于半结构式的架构，在课程中会针对学生的知识吸收程度和关注兴趣点进行循序渐进的引导和有条不紊的调整，同时加大力度深化多学科、跨学科设计协同创作的机会，利用线上与线下相结合的授课模式，让课程不仅开设在校园内，也安排在企业的工业设计中心。在课程中，联合教师团队针对每个设计团队的报告和设计成果进行启发性引导和评价，每个主题结束后，教师都会安排小组之间形成互动点评，同时，邀请来自企业的一线设计者进行项目点评，让课程成果获得客观的社会评价。此外，教师团队还会对教学过程、教研方案、教学成果的优缺点进行反思与洞察。

在课程的教研实践中，教师可以引领同学从微观的产品层面入手，去思考设计思维对产品创新的价值，并且主张学生在设计过程中，打破从产品现有问题、市场空白、企业要求、用户痛点的角度进入设计创新的常规思路，将思维的重点放在了技术原理与生活方式之间构成关系的思考，以此搭建思维的底层逻辑。根据学生团队在不断优化和迭代中产生的设计成果，教师团队联合企业专家组成来自学界、业界的综合社会评价团队，对教学成果进行了点评。首先，交叉学科形成能力互补团队，每个同学都能够清晰定位自己在团队中的作用，在短时间内、最大可能地呈现原型是为了进行更好的设计讨论。其次，通过实地考察和学生的线上、线下互动，可以帮助学生看到设计的立体多面性，从市场、工程、视觉多角度切入设计会带来不同的设计思路和呈现效果。最后，知识的传授可以比作为漆器的上漆工艺，这个过程不能操之过急，需要对学生进行多次的、多角度的启发，这样的授课过程与上漆工艺一样。许多漆器甚至要上"七十道漆"，这就是所谓的"大器晚成"，是用时间换品质的，所以在学习中要慢慢沉淀自己，要悉心从各学科、各角度之间获取对设计思维的理解，这样就等于在学习的过程中默默给自己上了"七十道漆"。通过这样的迭代才能换来更高品质的设计，作为老师在教学实施中要控制其中的"度"。同样地，优秀的学生也会理解老师的用意，让自己不断进化，等待顿悟。

13.5 对教研价值的预测

聚焦交叉学科设计基础课程中新理念、新规划、新模式，以及新的教学成果。教学团队进行了三个层面的课程探索与实践。第一，面对交叉学科的新挑战，思考如何促成多学科与跨学科的交叉融合与资源对接。第二，分析如何在教学研究中不断纳入和更新知识体系，将艺术设计与工业工程的原理、思维、实践、原型在课程中整合。第三，考量如何通过设计促成艺术与科学的"对话"（见图 13-1），并发挥设计基础课程在通识课程与专业课程之间承上启下的关键作用。综合以上三个层面，课程坚持以学生为中心的教育方略，尊重工科和文科对于设计的立场观点，因材施教并夯实学生的学术研究能力和设计实践创造能力并轨发展。

交叉学科设计课程的学生不仅可以包括设计相关专业的学生，教师还可以尝试通过技术原理、生活原型、企业考察、专题实训、学术写作等环节联合不同院校、专业师生形成跨校、跨专业的交叉学科设计团队，发挥艺术与科学融合的创新力量。联合师生团队在课程中的学习过程和教学成果，进而为交叉学科联合课程提供实验性与启发性的教研思路和教学路径。

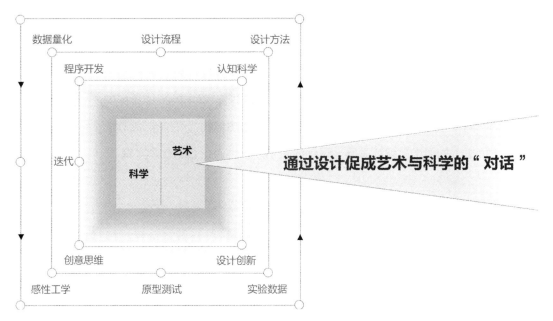

图 13-1 设计、艺术、科学的关系

　　设计教学研究的核心是人才培养，对于教师而言，其核心产品就是学生，所谓"知人善用"，意味着课程的研发与创新要以学生为中心。具体的践行思路包括以下三个方面。首先，实施以学生为中心的教学研究要将学生还原到他们的成长背景、学识能力，认知水准当中去，这样才能建立准确的心智模型。如果课程所传递的价值观念能够获得学生的认同，那么老师的知识传播将更能被学生吸收，甚至触发他们举一反三。其次，无论理论知识还是实践训练，都要放置于真实的情境中去思考问题，就如帕帕奈克在《为真实的世界而设计》一书中所提出的："设计讲究以人为本，最终为真实世界服务。"最后，对于设计课程而言，考量学生吸收程度的标准往往在于课题训练的规划与设计，这同样需要教师团队运用设计思维从宏观、微观多维度去思考如何让课题既具有一定的深度和现实价值，又能激发学生迎面挑战挖掘机遇的信心。那么，融合实地调研和企业考察可以提供给学生沉浸式的学习体验，基于亲身经历和理性洞察，再进行的设计产出与判断，不但对于自身而言是一次难得的学习收获，而且产出的设计成果将更具有鲜明的时代特征和落地可行性。由此可见，交叉学科设计课程的教学研究过程，其终极目标不局限于产出优良的设计成果，而是引发参与课程的教师"如何思考"，如何针对不同学生进行课程调整，以激发学生的学习热情和提升综合设计能力为关键，进而思考如何连接设计思维、设计教研和以学生为中心的教学方案。

参考阅读书籍与文献

[1] 董玉妹，王婷婷."新工科"建设背景下荷兰 3TU 跨学科工业设计人才培养的经验与启示 [J]. 装饰，2021(12): 100-104.

[2] 尹虎，刘源源.工科类工业设计专业的产品设计课程教学实践与思考 [J]. 装饰，2022(12): 107-112.

[3] 袁翔，季铁，何人可.工业设计"新工科"专业改革下的毕业设计教学：湖南大学设计艺术学院的行动与思考 [J]. 装饰，2021(6): 24-26.

[4] 顾力文，阮艳雯，李峻."新文科"背景下服装设计专业"设计思维"课程改革 [J]. 装饰，2022(6): 80-85.

[5] 师丹青.太空体验设计主题下的交叉学科课程探索 [J]. 装饰，2023(1): 119-123.

[6] 李培根.工科何以而新 [J]. 高等工程教育研究，2017(4): 1-4.

[7] 蒋红斌.工业设计创新的内在机制 [J]. 装饰，2012(4): 27-30.

单元四

设计的实践

交叉学科设计的实践维度

从不同角度、视野、群体出发，通过观察用户和体察企业，加深对设计创新的理解，尝试在设计实践中思考设计思维与产品原型创新的价值和作用，这是对设计学习与研究的有效途径。

14.1 科学原理驱动的设计案例分析

技术是工程学科的基础，包含力学、材料、生产方式和数字化实现等方面的内容，拥有工科背景的设计者崇尚科学精神，善于从新兴科技趋势入手去寻找设计的机遇。"以人为中心"原则是设计学科的基础，其中包含对用户生理、心理的调研，产品的可用性和人机交互关系，以及用户对设计美学的诉求。设计思维关注人文精神，常用方式是从用户需求和痛点入手进行设计创作，利用现有资源提供有效率的解决方案，关注用户体验的改善，通过完成产品的实物化、商品化转化实现其价值。归纳两类学科的思维模式为"技术驱动"与"设计驱动"。然而，思考的起点是什么？以何种方式思考会在后续的设计创作中引发巨大差异？工科设计者因为没有设计教育背景和实践经历，反而摆脱了设计中功能、结构、材料、色彩、人因功效学、设计心理学等的束缚，提出的技术路径和科技趋势会更加大胆，这让设计创新在最初阶段就有别于传统意义上的改良型设计，而极有可能引发从产品品类到用户品质跃进的设计革新。

"技术驱动"的设计思维模式尝试通过科技革新引发新的设计思辨，以科技为中心进行的思维拓展涵盖科技与产品、科技与使用者、科技与生活、科技

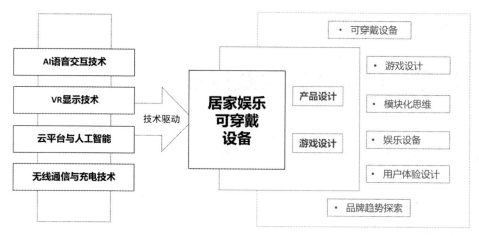

图 14-1 技术驱动产品设计创新分解

与环境等维度，通过科技赋能产品，解析其生产原理与运行原理，解构和重构不同场景和不同用户的需求，以实现技术－产品－使用者－环境之间的对接（见图 14-1）。

图 14-2、图 14-3 是可穿戴居家娱乐游戏设备设计的效果图与设计草图。该设备的设计创新要点在于将 AI 语音、VR（虚拟现实）、云平台以及无线通信技术融合到产品的人机交互系统之中，实现实体产品、虚拟产品与用户之间的协同互动。图 14-4 是可穿戴居家娱乐游戏设备设计的效果展示图，产品由 VR 眼镜、控制手持工具和悬挂式交互体验平台三个部分组成，可以满足用户单人、多人游戏的体验需求，还能提供虚拟飞行的沉浸式游戏体验，这为人机交互的应用提供新的启示和思路。

回顾科技进步可以发现，人机交互始终都是朝着更有效率、更简化的方向迈进，从飞鸽传书到电话、电子邮件，再到即时通信；从徒步行走到牛车、马车，再到汽车、飞机，其核心始终围绕如何更好地服务人类并改善其生活质量。未来的交互模式会拉开人与设备的物理空间，并摆脱材质局限。在 AI 时代，人机自然情感交互会解决用户更高层次的心理需求，进而更加贴合用户的自然行为和本

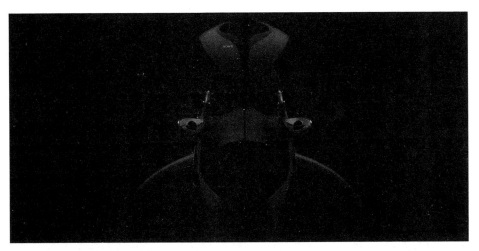

图 14-2 可穿戴居家娱乐游戏设备设计的效果图（设计者：刘华琛）

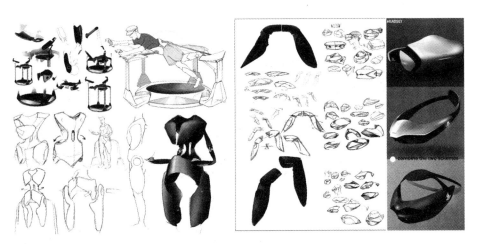

图 14-3 可穿戴居家娱乐游戏设备的设计草图（设计者：刘华琛）

能习惯，引导新的人机交互模式。例如，语音技术可以在没有键盘输入、没有菜单按钮单击的情况下通过最自然的形式下达指令。传感器的广泛应用，提供了前所未有的情景数据，并无缝对接和覆盖生活、工作的方方面面。基于对每个用户的兴趣、关注点和行为特点的数据累积，通过人工智能的手段，对用户的需求进一步分析，形成产品对每个用户不同的应答和反馈机制，真正实现满足每个具体用户的个性化需求的"千人千面"。

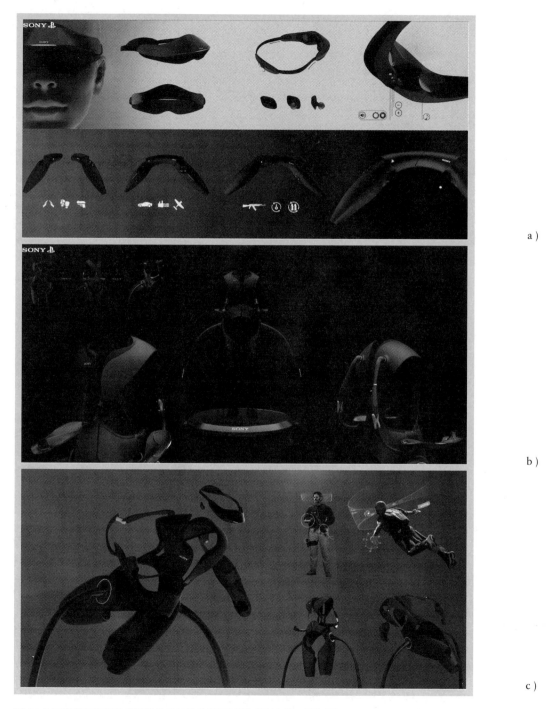

a)

b)

c)

图 14-4 可穿戴居家娱乐游戏设备设计的效果展示图（设计者：刘华琛）

14.2 市场诉求驱动的设计案例分析

市场诉求牵动企业战略调整。所谓企业战略，包括企业设计战略、创新战略和文化战略等内容，这是一种由内而外的创新和构建意义的能力。它为企业不断打造新的增长曲线，实现转型升级。基业长青的公司都是拥有使命和愿景，并不断跨越增长曲线的企业。值得注意的是，设计战略的本身不是设计而是战略，即企业如何运用设计理念和设计创新方法来制定企业的创新战略，从而实现企业的增长和转型升级。这里面除了涉及业务的创新，还涉及组织、市场、技术等方面的创新。同时战略本身就是一个动态平衡和迭代的过程，创新又需要和企业自身情况及战略发展结合到一起，形成一个好的战略。

亨利·明茨伯格在《战略历程》一书中，总结了人类的企业战略思想史，将之归纳为十个学派。分别为：设计学派（战略形成是一个孕育过程）、计划学派（战略形成是一个程序化过程）、定位学派（战略形成是一个分析过程）、企业家学派（战略形成是一个构筑愿景的过程）、认知学派（战略形成是一个心智过程）、学习学派（战略形成是一个自发过程）、权力学派（战略形成是一个协商过程）、文化学派（战略形成是一个集体思维过程）、环境学派（战略形成是一个适应性过程）、结构学派（战略形成是一个变革过程）。其中，企业设计战略重点在设计、企业家、结构三个方面。哈佛商学院的迈克尔·波特教授曾在《哈佛商业评论》上发表过一篇文章：《什么是战略》。文中有一段关于战略的经典论述："什么是战略？我们发现取舍概念为解答这个问题提供了崭新的视角。战略就是在竞争中做出取舍。战略的本质就是选择不做什么，没有取舍就不需要选择，也就不需要战略。"阿里集团的曾鸣教授使用的企业设计战略结构包括：终局、布局、定位、策略（见图 14-5）。第一，终局指代愿景和意义，给予企业关键发展方向指引。第二，布局是为了实现终局而做出的选择与取舍。第三，定位是对企业内部与外部竞争环境的客观评估。第四，策略是为了实现定位目标，制定的路线、策划、方法、步骤，以及研发产品的思考。

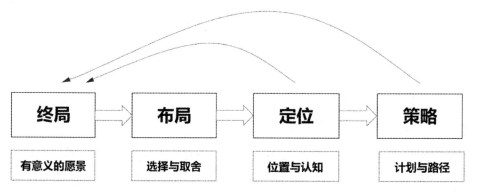

图 14-5 企业设计战略结构

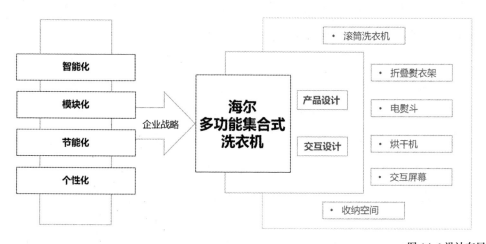

图 14-6 设计布局和定位规划

海尔集团开发的多功能、集约式概念洗衣机，与海尔企业中低端洗衣机产品的设计战略和目标用户需求建立了一致性。图 14-6 是根据企业设计战略目标制定的设计布局和定位规划。图 14-7 是对海尔企业现有洗衣机和竞品洗衣机的功能进行调研，并找到针对小户型家庭空间紧缺问题而制订的设计创新计划。图 14-8、图 14-9、图 14-10 是集合了熨烫功能的模块化、多功能概念洗衣机的效果展示。空间占有量小、可模块化按需组合的家用电器将成为一种趋势。特别是在人均居住面积有限的一线城市，便于收纳与功能多元的家电给消费者带来了极大的便利。同时，简约的设计风格还会让人产生时尚感。

图 14-7 产品设计调研（设计者：孙佳钰）

图 14-8 概念洗衣机设计效果（设计者：孙佳钰）

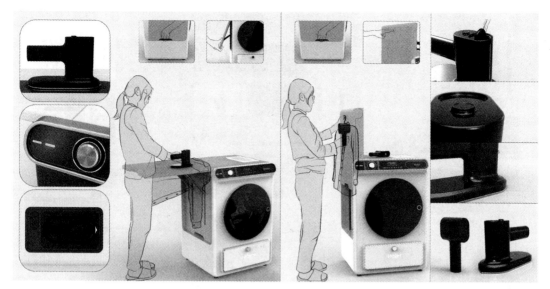

图 14-9 概念洗衣机使用说明（设计者：孙佳钰）

图 14-10 多功能洗衣机设计效果图（设计者：孙佳钰）

14.3 人文关怀视野下的设计案例分析

人文关怀是设计以人为本的具体体现，无论用户的能力、年龄和社会背景如何，设计师都应以用户为中心的设计方法进行设计。从人文视野去思考设计应具有良好的包容性和通用性，目的是确保产品能够服务尽可能多的社会成员，而不用刻意适应某些人群，从而进行特殊化设计。1997 年，在美国北卡罗林那州立大学的通用设计研究中心，建筑师、产品设计师、工程师和环境设计专家共同起草了通用设计的核心法则。这七条设计法则可以用于评估现有设计的人文属性、建立具有关怀与包容性的设计观念。第一条，公平使用。所有使用者都能同样使用设计，而不会因此受到伤害。第二条，灵活使用。设计能够迎合不同人的喜好和使用能力。第三条，简单直观。不管用户的经验、知识、语言能力或精力的集中程度如何，产品都应该简单易用。第四条，信息明确。在任何环境下，无论用户的感官能力如何，设计都能有效传递产品的必要信息。第五条，容许原则。尽量将危险以及因意外或不经意的行为所导致的不利后果降至最低，避免可能发生的任何不良状况。第六条，省力。设计可以有效、舒适并且不费力气地使用。第七条，提供合理的尺寸和空间。无论用户的身高、体型和移动能力如何。

32 秒社区多功能、模块化公园是针对公共安全类关爱公共设施设计（见图 14-11），在项目开展之前要确定如下系列事项。首先，产品的目标用户不是单个用户，而是群体用户共同使用或共享使用，那么在具体设计开始之前，应该做好产品环境调研、用户需求调研、产品材料调研等任务，找到适合产品的具体使用场景和使用人群。充分的调研可以为设计的存在做好先期论证，然后再推进设计，推敲创新要素是否合情合理（见图 14-12）。当地震发生时，在社区居民以最快的反应速度逃离到周围安全地区所用的时间记录中，逃离到社区公共活动区域所用的时间要比逃离到附近医院、体育广场、学校等空间的时间短很多，于是便选择了社区公共活动空间作为设计的目标地点。接下来，设计团队开始考虑如何改造社区公园成为一个可以供社区居民临时居住的空间，其中一种改造方

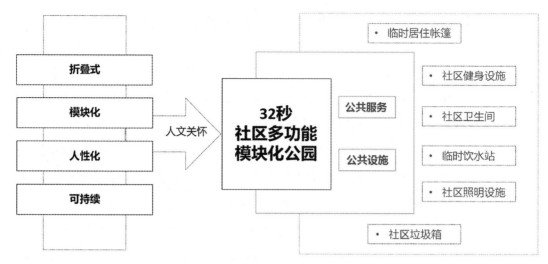

图 14-11 32 秒社区公园的设计规划

案在原有设施的基础上，只需 32 秒的时间便可以搭建出临时居住空间。公园的每个娱乐设施内部都预先设计了折叠结构（见图 14-13），当地震发生时，区民可以迅速转移到公园，然后启动折叠结构，将设施之间的空间连接起来组成临时居住的帐篷。公园中的路灯除了继续启动应急电源进行照明之外，还可以用于收集水源，为居民提供临时饮用水。此外，公园里还提供临时卫生间等设施，以确保用户临时居住的基本需求得到满足（见图 14-14）。该社区公园不但在平时可作为休闲娱乐区域满足社区居民的日常使用（见图 14-15），而且可以在灾难发生时迅速转变，实现对用户关怀的设计理念。

人文关怀类设计让设计师有机会反思自己的设计实践。设计师积极创造了并且满足了目标用户需求与期待的产品，但是仍然有一些使用复杂且将一些普通的消费者排除在外的产品。设计师需要完全意识到在设计过程中，他们所做的每个有关技术和使用的决定，都会影响到大批的消费者，其中包括老年人、残疾人，以及弱势群体。关心那些被忽视的社会群体，不仅是社会的期望，也是真正的商业机会，以及所有设计师应具有的责任。

a)

b)

c)

图 14-12 32 秒社区公园的设计调研（设计者：陈斯祺）

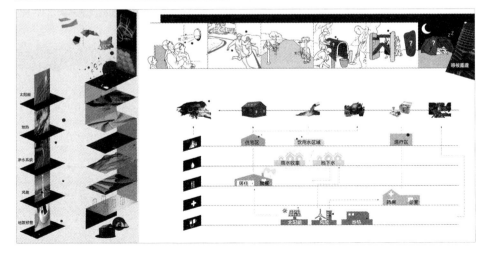

第 14 讲 交叉学科设计的实践维度

d)

图 14-12 32 秒社区公园的设计调研（设计者：陈斯祺）（续）

图 14-13 32 秒社区公园的结构实验（设计者：陈斯祺）

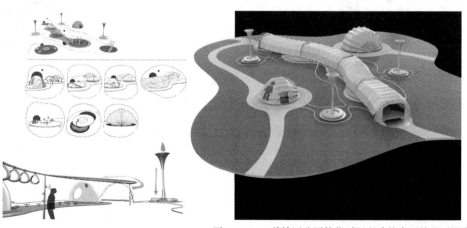

图 14-14 32 秒社区公园的临时居所功能启用效果（设计者：陈斯祺）

146

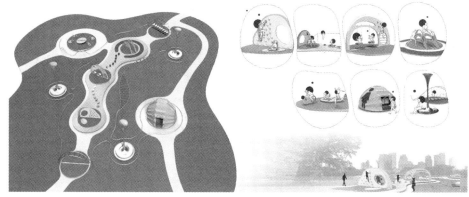

图 14-15 32 秒社区公园的平时使用场景展示（设计者：陈斯祺）

14.4 社会创新视野下的设计案例分析

过去的十多年，社会设计已经开始不同程度地关注老年人与残疾人，摒弃过去将他们视为特殊群体的观念，取而代之的是新的、公平的社会态度，以及提供更多包容性的方法来设计建筑、产品和服务，从而将日常生活中的弱势群体与主流群体平等对待。为迎合所有人群对产品的使用需求，设计师创造了更加完善的设计，让更多的用户从产品设计中获得良好的体验，扩大潜在的客户基础，建设更加公平、更有凝聚力的社会。

从社会宏观层面观察依然有许多地区和家庭处于贫困状态，资源配置不平衡、民族文化差异大、资源短缺等问题近年来受到社会各界的广泛关注。对贫困山区儿童需要教导他们远离陋习、树立正确的人生观、价值观等问题，政府与社会各界应提供丰富的教育人才和物资等资助。HOPE 多功能支教车（见图 14-16）将共享教育的概念与运输捐献物资的交通机具结合起来，通过移动车辆将临时教室带到偏远地区，搭建成教学空间，为贫困山区的孩子带来面对面的体验课堂（见图 14-17）。HOPE 支教车可以运输捐赠物资和教具，车内配备多套折叠桌椅，

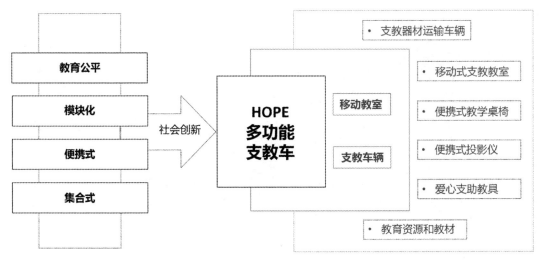

图 14-16 HOPE 多功能支教车的设计规划

快速打造一个户外的临时教学空间（见图 14-18）。车厢的折叠结构能够形成一个半围合的讲台，老师可以利用投影仪为学生播放最新的学习资料，指导学生完成各项任务，最大限度为贫困山区的学生提供与发达地区同等的教育服务（见图 14-19）。

社会创新设计关注设计的伦理和设计者的社会责任。设计产业是对技术、社会和经济的回应，同时也是对三者的重塑。设计师可以引导人们如何看待产品、如何居住和生活，并暗示他们对产品产生怎样的期待。社会伦理与社会责任均来源于设计师的自我意识，从而影响产品的设计、制造和消费。设计师在人 - 机 - 环境系统中扮演着重要的角色，肩负着重大的社会责任，他们引导消费者在购买和享受服务的同时，应考虑所承担的社会责任，这将避免自身行为对他人、动物或环境带来剥削或破坏。通过社会伦理和责任，设计师可以寻找到公平的、无害的、有机的、可回收的、循环再利用的社会创新设计渠道。

图 14-17 HOPE 支教车的临时教室（设计者：侯佳琪）

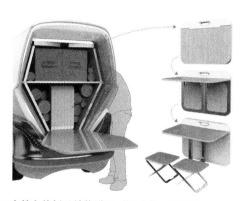 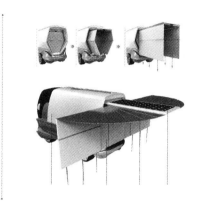

图 14-18 HOPE 支教车的折叠结构说明（设计者：侯佳琪）

图 14-19 HOPE 支教车的设计预想（设计者：侯佳琪）

14.5 生态可持续视野下的设计案例分析

生态可持续发展概念的首次提出是在 1987 年世界环境与发展委员会成立会议上，在"关于环境与发展的里约宣言"的主题中，提出了材料与环境之间的密切关系。3R 理念作为生态可持续设计的核心原则于 1959 年被提出，3R 理念包括 Reduce，Recycle 和 Reuse，即减量化、再利用和再循环原则。生态材料的概念也是在可持续发展概念的背景下产生的，对于生态材料的定义，即具备良好的使用性能，同时对生态与环境造成污染小，其再生利用率高或可降解循环利用，可与生态环境相互融合，对环境有一定的修复净化功能。海洋生物由于其自身数量庞大，成为生态材料体系中的重要组成部分，种类丰富且具有极大的开发潜力。同样，具备巨大的市场前景的家居行业，可以为海洋生物材料提供广阔的应用空间。对于家居产品设计师而言，研究海洋生物材料的价值在于探索其超越原始材料的特性，有意识地拒绝资源的浪费、减少环境的污染，延长产品的使用寿命，力求使用最少的成本投入产生最大的收获效益，保证设计行为不对生态平衡造成破坏，并在家居系统设计过程中发挥材料属性的优势（见图 14-20）。

"海藻瘟疫"对海洋环境以及人类生活造成的负面影响。项目组收集各种海藻样品进行实验研究，利用生态可持续的思维方式对"负面物质"和"资源"之间的关系进行转换（见图 14-21）。以石莼为主要材料的迭代实验目的是产出不同质地的、可满足实际产品材料要求的标准材料。通过多轮实验，获得了"类皮革"柔性海藻材质与"类板材"硬性海藻材质（见图 14-22、图 14-23）。其中，"类皮革"材质具有一定的韧性，相比普通皮革类材质较薄，具有一定的透光性，适合与家居灯具、屏风类产品结合使用；而类板材材质的应用范围更加广泛，例如家具中的板材替代品。最终设计出的系列家居产品名为"自然之光"，因柔性海藻材料具有一定的透光性，在不同光线下显示出来斑驳的光影效果，让人联想到丁达尔效应而得名（见图 14-24、图 14-25）。

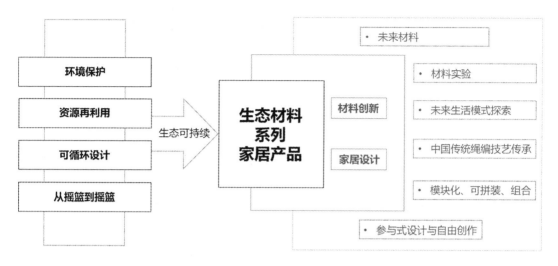

图 14-20 生态材料系列家居产品的设计规划

图 14-21 海藻材料的实验研究（设计者：赵妍、陈妍）

第 14 讲　交叉学科设计的实践维度

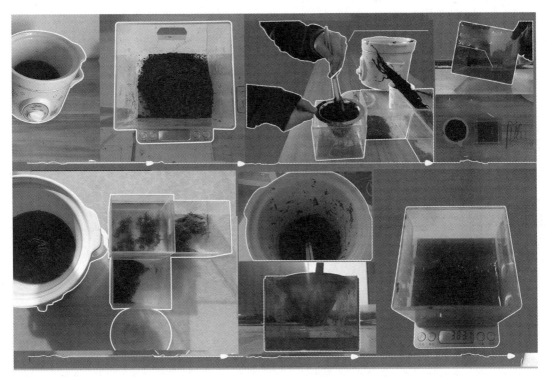

图 14-22 "类皮革"柔性海藻材质与"类板材"硬性海藻材质（设计者：赵妍、陈妍）

图 14-23 海藻材料的阶段性产出成果（设计者：赵妍、陈妍）

a)

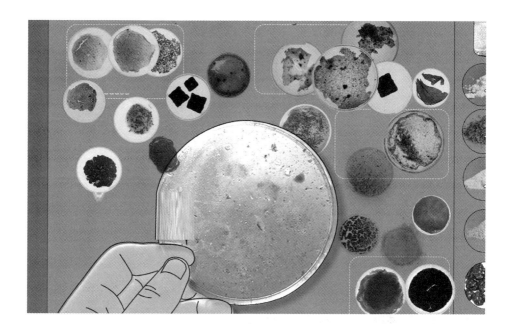

b)

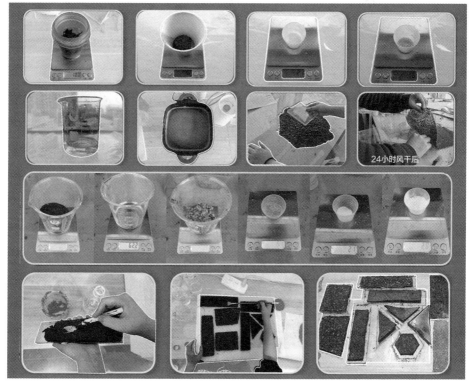

图 14-24 海藻材料的实验过程展示（设计者：赵妍、陈妍）

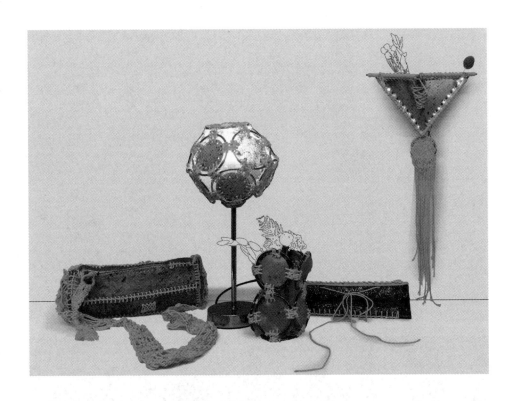

a)

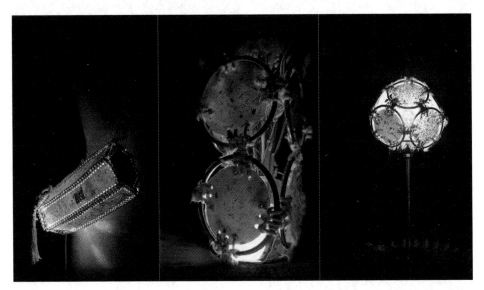

b)

图 14-25 海藻材料制作的系列家居产品展示（设计者：赵妍、陈妍）

生态可持续设计思维提供两种设计思路，一是在现有系统的基础上改进以提高资源和能源的使用效率。例如，使用更加环保的材料、模块化设计以使易损部件容易更换，使用更加清洁的能源或者更加节能的产品等。二是在系统层面的重新设计。例如，共享单车租赁系统改善城市交通问题。前者类似改良型设计，依然停留在产品（器物）层次思考问题的解决方式，而后者接近设计突破，从宏观的、全局的、社会层面寻求更大范围的设计影响力和价值引导。这也启发了可持续生物材料设计的格局与观念转化。

参考阅读书籍与文献

[1] 蒋红斌. 蒋红斌 : 设计思维赋能产业变革和社会
    创新 [J]. 设计 , 2021(4):60-65.

[2] 李冠辰. 产品创新 36 计 : 手把手教你如何产生
    优秀的产品创意 [M]. 北京 : 人民邮电出版社 ,
    2017.

[3] 布朗. IDEO，设计改变一切 [M]. 侯婷，何瑞青，
    译. 杭州 : 浙江教育出版社 , 2019.

[4] 斯宾塞，朱利安尼. 如何用设计思维创意教学：
    风靡全球的创造力培养方法 [M]. 王頔，董洪远，
    译. 北京 : 中国青年出版社 , 2018.

[5] 格里菲斯，考斯蒂. 创意思维手册 [M]. 赵嘉玉，
    译. 北京 : 机械工业出版社 , 2020.

主题设计实训 1

以学术研究的方式，通过数据与文献支撑，对泛家居领域出现的新趋势进行预测与评估，从中探索设计的新机遇，最后以设计学术报告的形式引经据典、逻辑清晰地呈现研究成果。

第 15 讲

家电设计案例分析

用户对家电产品的需求不仅停留在经济实惠、方便耐用上，而且环保节能、情绪互动、智能交互、系统规划、简约美观等关键词成为用户对未来家电产品设计战略的新要求。这一讲的家电产品设计案例多来自近些年国际、国内企业、设计竞赛的获奖作品和投产项目，通过案例分析强化家电设计的创新精神。然而，设计创新不能仅靠设计师的灵光一现，还需要从功能、造型、色彩、用户需求等多方面发掘产品的落地性和时代引领性。

15.1 空调设计案例

图 15-1 是名为 Air Manager 的概念空调设计，于 2023 年获得 iF 概念奖。该设计针对的痛点问题是人们对空气质量的关注度越来越高，室内的空气质量便显得尤为重要。设计的创意点是 Air Manager 的基站提供一站式空气管理系统，使其成为一种个性化、定制模块空调。用户通过简单的可拆卸模块，便可以形成

图 15-1 Air Manager 概念空调设计

不同载体和传播媒介，实现对室内空气温度、湿度、洁净度、新鲜度、风感等的管理和控制。该空调可以解决不同场景下人们的空气需求问题，希望通过简单易懂的拆换方式，成为行业内健康空调的新模式，从而提升城市人的生活品质。通过这个案例，设计者可以尝试思考：其一，未来空调可以在一个设备中满足不同用户的空气需求；其二，如何让空调的特色功能更加突出，例如在空调里融入新风机、净化器等功能，让消费者直观接收到空调的卖点。

15.2 空气净化器设计案例

图 15-2 是名为 Air Purifying Workstation 的概念空气净化器设计，于2023 年获得 iF 概念设计奖。这个概念设计针对的痛点问题是，在用户的认知中，

图 15-2 Air Purifying Workstation 概念空气净化器设计

空气净化器是一个独立的产品，一般要占据部分室内空间，并且和其他产品不能兼容使用。这款设计将空气净化器定义为具有空气净化功能的新型移动模块化工作站。产品不但可以在居家环境中使用，还兼具了在各种工作环境中使用的特点，包括办公室、工作室和在家工作等情况。该产品配备了基于 HVAC 的混合过滤空气净化系统，可以为空气中的污染物（如病毒、细菌）创建几乎无法穿透的污染颗粒屏障。此外，工作站为用户提供可调节的工作台，供个人和团体使用。设备上端的模块化系统可以用来安装大型显示器和功能板代替桌子，以适应各种办公场景。这个设计案例为设计提供的启示包括：其一，通过设计来赋予产品多功能属性；其二，用系统化设计思维整合单一个体式的家电产品，不但可以为用户节省空间，还能赋予产品新的价值和新的卖点。

15.3 洗衣机设计案例

图 15-3 是卡萨帝中美合资洗衣机设计，于 2021 年获得中国太湖奖产品组银奖。中美合资洗衣机的创新特色在于一屏两控、一机两用，机身高度仅为 1.5m。从人机工程学角度分析，其高度符合中国女性用户的使用尺度。此外，该洗衣机具备全嵌入式、无储水盒设计，为家居空间减少占用面积。在外观设计上采用圆角矩形进行视觉划分，使整体形象更加和谐。产品的 CMF 上具有多处精致细节，例如黑色屏幕上搭配卡萨帝品牌的标识，突显品牌识别度；同时，配色采用官方推出的"玉黛青"色，是通过 7 层电镀工艺实现的，产品的用色青韵交相辉映更显雍容典雅。这个设计案例分析为设计创新提供的启示是：其一，在不改变传统洗衣机基本架构的基础上，进行的功能拓展与人们生活行为的新趋势相呼应；其二，对室内空间、风格的关注，可以通过系统设计思维在产品体积和外观上进行创新。

图 15-3 卡萨帝中美合资洗衣机设计

15.4 冰箱设计案例

图 15-4 是名为鸡蛋冰箱的概念设计，于 2022 年获得中国金芦苇设计奖的优秀概念设计作品。该设计要解决的痛点问题是，在东南亚欠发达地区，一些农民依靠母鸡下蛋谋生。然而，在炎热潮湿的夏季，鸡蛋上的细菌繁殖非常快。许多农民买不起冰箱，鸡蛋很容易变质和损坏，造成食物浪费和经济损失。考虑到经济性和使用便利度等问题，鸡蛋冰箱的创新点在于利用物理知识"蒸发吸热"来进行冷却。它不需要电力，它的外壳是由稻壳制成的。这种材料在农村地区很常见，而且非常环保。鸡蛋冰箱可以帮助经济困难的农民将鸡蛋储存更长的时间。这个设计案例为设计提供的创新思路包括：其一，许多设计者会先入为主地将家用电器和科技挂钩，对于城市居民的生活质量提升而言，技术驱动家电创新是主流思路，然而，当设计者的视野不断扩展，关注更多的社会现实问题时，像鸡蛋冰箱这样的设计会发挥更多的价值和功能；其二，从环保、资源节约的角度思考设计，废物再利用的解决方案会给环境带来很小的负担，这种思维方式具有社会价值和时代前瞻性；其三，设计创新讲求适度原则，所谓适度就是将创新植入具体问题，做具体分析，找到最适合的答案。

图 15-4 鸡蛋冰箱的概念设计

智能家居企业趋势分析

　　未来中国企业的设计目标不仅是盈利，还会考虑如何造福社会和国家，因此设计者要致力于探究企业发展的背后逻辑而非表层含义。这一讲选择国际、国内世界顶级科技企业来进行设计趋势分析是因为它们拥有众多优势，可以在短时间内获得更多的研究信息，进而多维度地推动设计创新和启发设计机遇。此外，企业运行是一个非常复杂的系统，它需要将设计思维融合到设计实施的不同阶段，所以设计并不是一个工种，也不单纯为了谋生，而是要带有使命感地为社会发展、城市建设付诸实践。同时，设计是设计者灵魂、理念与行动的高度融合，只有这样才能建设出一个更加美好的未来。中国的设计企业在未来将承担更大的社会职能，它们可以全方位地整合资源，设计在其中依然发挥着至关重要的作用。所以，对企业未来发展方向的趋势预测和分析，要从文化、历史、场域、人种学等多角度了解中国的智慧传承和生存法则，只有不断探究和寻找本质，才能更有效地传承和发扬设计的势能。

16.1 华为的智能家居设计趋势

　　华为在 2015 年年底宣布智能家居设计战略（见图 16-1）。它的强项是连接技术，采用广泛合作的方式，聚拢了一大批家居领域各行业排名前三的合作伙伴。华为在智能家居生态系统领域虽然起步较晚，但是未来的发展潜力是巨大的。第一，不断优化操作系统。现在市场上较常见的操作系统是以安卓为基础进行裁剪的，有两大弊端：一是过重，无法进入物联网时代各种各样的小终端里去；二是安卓是为移动互联网设计的，底层上并不能适应万物互联的变化。所以目前业

图 16-1 华为智能家居系统

界还没有一个被广泛认可的物联网 OS。华为的 LiteOS 是一套专门为物联网而生的轻量级操作系统，灵巧到可以进入任何一个小终端，以极低的功耗调动家居环境中所有的智能设备。第二，自主研发芯片的拓展应用。在中国企业中，华为是最早做芯片的厂商之一，并且与其他厂商不同，它是芯片落地最成功的厂商，芯片已经在华为手机的成功中得以规模验证。基于物联网的芯片，华为也早已开始布局，研发能力、供给能力都很强。第三，以手机为核心的万物互联体系打造。因为有这个"入口"，智能家居就可以真正运行起来。海尔、美的、阿里、京东等企业，要想做家居生态系统，最大的瓶颈是无法直接连接到用户，而对作为国内手机市场占有率第一的华为来说，这是"天然优势"。

16.2 小米的智能家居设计趋势

小米是最早布局智能家居战略的企业之一，也是目前国内市场发展最快的企业，在家居领域最突出的特色在于全屋互联生态系统的建设（见图 16-2）。小米家居设计的趋势可以从以下三个方面加以洞察。第一，不断优化的智能技术。以小米互联网空调 C1 为例（见图 16-3），配置包括：AI 智能模块、一级能效（节能省电）和管翅式换热器技术（换热效率高），其背后需要一系列的智能运算，小米云和金山云是背后支持。第二，用户黏性的建立策略。"发烧友"和"性价比"一直是小米占据市场份额的两大利器。根据市场的评论，大部分消费者对小米产品的评价是美观大方、性价比高、简约时尚。通过用户反馈说明对产品购买起决定性作用的因素不一定是专业技术参数，产品的颜值依然是夺取市场的关键要素。第三，注重品牌设计效应和影响力。小米企业关注自主型设计研发，全系产品的形象塑造体系日趋成熟，并在行业竞品中可以形成相对独立的特征。小米的简约设计风格不会在家居环境中太过突出，破坏协调，系列产品能够很好地融入家居环境之中。最后，小米关注人机交互系统的用户体验。小米旗下的产品已经全部

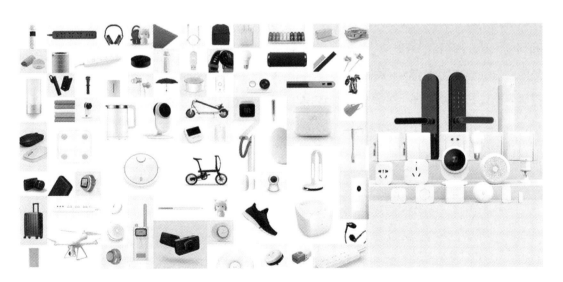

图 16-2 小米全屋互联生态系统

图 16-3 小米互联网空调 C1

加入小米全屋互联系统，所以控制产品的交互方式是多样化的，比如通过手机、手表、智能音响等，分析多种用户场景，为用户创造舒适、便捷的人机交互方式。

16.3 苹果的智能家居设计趋势

苹果早在 2014 年就已经发布家居设计战略，目前苹果已进军中国智能家居市场。苹果将推出一款低端 iPad，可以在智能家居场景中控制恒温器和灯光、播放视频和进行聊天。纵观整个家居行业，这款 iPad 智能中控屏产品与欧瑞博的 MixPad、小米智能家庭屏、华为全屋智能中控屏将在国内市场展开激烈竞争。然而，占领智能家居市场，关键并不在于生产多少相关设备，而在于抢占智能设备平台市场。相较于其他智能平台，苹果的 HomeKit 构成整体的生态体验。对于 iPhone 用户而言，下拉菜单直接可以控制常用设备，省去了打开 App 的操作，非常方便。

总体来讲，苹果的家居设计生态涵盖硬件和软件系统，其底层连接中枢是 iCloud。其中，硬件生态包括 Mac，iPad，iPhone，Apple Watch，Apple TV，HomePod 等产品，均由 iCloud 账号连接，日常沟通均由低功耗蓝牙技术来实现相互的存在感知和数据往来，有较多数据往来的时候会采用点对点无线局

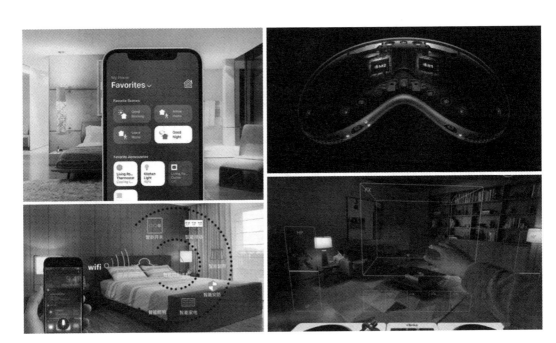

图 16-4 苹果的家居生态系统

域网传输技术。软件生态基于 iCloud 账号同步与备份数据，另外 App Store 还有大量未使用 iCloud 的软件，这些共同构成了 Apple 软件生态（见图 16-4）。

苹果对产品品质的精益求精吸引了广大消费者。它由于优良的品质、出众的产品形象，从而形成了巨大的口碑传播群体。归纳苹果营销战略模式：品牌卓越价值＝产品品质偏执追求＋饥饿营销＋口碑营销。

未来的房屋装修，年轻人考虑智能家居系统的人数会不断增加，除了安装智能开关、智能音箱、智能灯光、智能安防，以及智能晾衣架等实体产品，智能软件控制系统也是国内外品牌的竞争核心。由此可见，未来家居发展的趋势是"泛家居"主导的全屋定制、智能家居、智能家电所组成的综合系统。由此，硬件与软件构筑的全屋智能家居系统应运而生，预计将迅速成为家居市场的主流。

"泛家居" 主题概念产品设计

　　"泛家居"是一个以居家为核心内涵,以居家生活方式为人们日常生活的主要方式的时代特征和观念描述。随着个人手机移动端的普及,以及 5G、新基建、新能源等科技的迅猛发展,万物互联、全屋定制、大家居、青年生活"新五感"等关键词将进一步细分并构筑"泛家居"时代的知识体系地图(见图 17-1)。面向未来,居家也从原有的家居生活,逐渐演变成一个具有广泛意义的新生活方式。居家生活方式代替了居家生活的具体所指,上升为一种对人们的生活方式、工作、学习、娱乐和购物方式变化的新能指。它突破了人们习以为常的以"家"的物理空间为核心的概念,而泛化为一个融户外空间、社交、学习、办公和生活方式于一体的,强调个人的生活主张,致力于营造像在家一样自在、舒适、融合的时间与空间氛围。

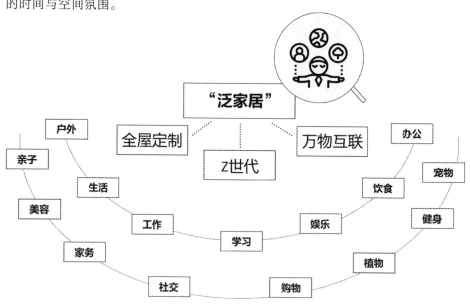

图 17-1 "泛家居"时代的知识体系地图

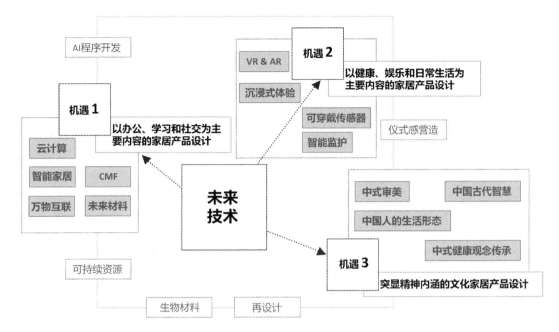

图 17-2 "泛家居"时代的生活趋势描述

　　"泛家居"概念正在发生和绽放。在这一过程中,设计的创新和对生活中事物的重塑也已经开始了。从设计创新的角度,对几种生活趋势和设计创新势能进行描述(见图17-2)。第一,以办公、学习和社交为主要内容的新生活方式,将动摇我们习以为常的所有事物,而重新定义和塑造围绕着这些新方式到来的一切;第二,以健康、娱乐和日常生活为主要内容的新生活方式,将改变人们对环境、自然和出行生活形态的要求和构思,而重新定义和塑造这些要求的新方式正在悄然兴起;第三,以更具日常生活品质为主要精神内涵的产品设计文化,正在改变人们对产品使用场景、审美意味和品质要求的新起点。

　　综上所述,"家"的功能和职责正在逐渐泛化,它更像是一个家园、一个可以融合我们工作、学习、生活和社交等诸多功能的综合体,既有公共化了的开源,也有个人化的私密,向着"泛家居"的概念转变。

"泛家居"时代引发设计者对"家"的重新思考,将在未来被赋予新的内涵中得到拓展。知识经济的发展让远距离协同办公成为可能,家被赋予了学习与工作的功能;室内与户外的娱乐活动或服务发展,让家居空间集成了更为丰富的功能。因此,"泛家居"时代的来临,作为一个不可忽视的设计创新势能,将会在"中国制造2025"等战略发展中为各行各业带来新的机遇。围绕"泛家居"主题展开系列设计实践均面向未来生活方式与趋势预测:未来居家饮食、未来居家养生、未来居家健身、未来居家育儿、未来居家养老。以此促进多学科、跨学科交流合作,牵引"泛家居"行业的设计创新与成果转化。

17.1 未来居家饮食:昆虫食物料理产品设计

因气候影响、环境污染等问题,造成全球小麦库存下降,而玉米需求将再度上升,因此其价格也将再度上扬。面对全球粮食资源紧缺的现实问题,对未来食物可替代资源的探索,成为食物设计领域的焦点。食物设计也属于工业设计研究领域中的一部分。它重点关注用户在饮食过程中的体验,所以食物的口感、形态、气味、颜色、制作工艺、在食用过程中使用的工具、食物承载的餐具、体验食物的场所等设计都涵盖其中。在交叉学科融合背景下,食物设计将与生物学、遗传学、人类行为学、心理学、社会学、营养学等学科融合协作。

未来食物设计与"泛家居"主题相融合,给家居产品设计创新提供了丰富的机遇。图17-3是关于昆虫食物料理产品的设计架构,致力于在家居环境中,用户可以自行培养昆虫并通过料理机将昆虫制作成可食用的虫粉。这些虫粉含有的昆虫蛋白是人类、牲畜、家禽等全面、优质的蛋白营养。昆虫蛋白中富含了人类必需的8种氨基酸、17种其他氨基酸、类物质、不饱和脂肪酸、维生素、矿物质等多种营养成分。因此,设想通过料理机将虫粉作为常规面粉的替代性食物资源,在家庭环境中普及。

图 17-4 是关于昆虫食物料理产品的设计调研示意图。图 17-5 是对昆虫食物料理产品的设计效果展示。通过功能预设对料理机进行系统分区：昆虫孵化培养区、虫粉打磨区、虫粉制作区。对于虫粉的使用也进行了实验测试，图 17-6 展示了一系列虫粉制成的新型零食原型，试图通过新颖的造型、与不同口味相关联的语义形态给用户带来与众不同的食用体验。这个设计项目一方面尝试从新型食物资源探索的角度，为家居产品设计提供新的未来厨房产品发展趋势，同时，也希望通过设计实践唤起大众对粮食资源的节约意识。

图 17-3 昆虫食物料理产品的设计架构

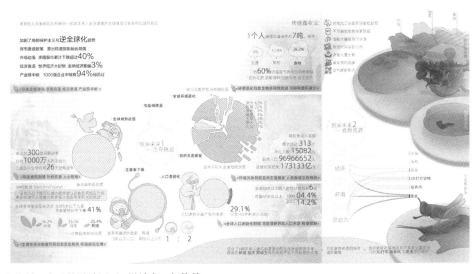

图 17-4 昆虫食物料理产品的设计调研（设计者：闫格倩）

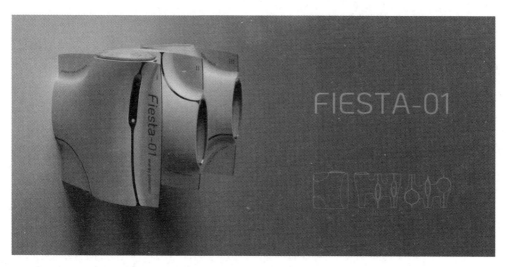

图 17-5 昆虫食物料理产品的设计效果展示 (设计者: 闫格倩)

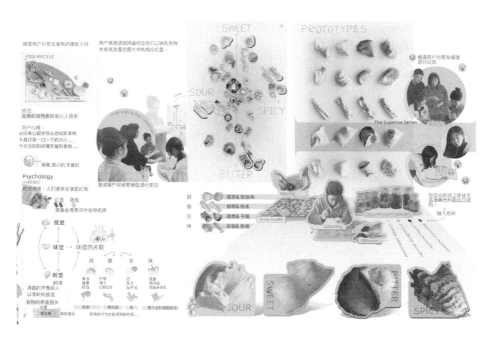

图 17-6 昆虫食物料理产品的衍生食品设计示意图 (设计者: 闫格倩)

17.2 未来居家养生：生态冰箱系统设计

可持续设计是绿色设计、生态设计的无限延伸，是未来家居设计行业的重要发展趋势，也是家居产品在设计、制造、批量化生产、销售、回收等一系列环节中一贯坚持的方针原则。可持续设计虽与绿色设计有着同样的本质，但范畴包括得更加广泛。可持续设计不仅强调自然环境的可持续，还关注社会发展的可持续，在社会发展和自然环境之间寻找和建立一种平衡的关系。未来，在家居生活情境中，将融合更多可持续生活理念，用户将自发性地选择可持续材料和家居产品。这不仅是对经济成本的考虑，也代表了新一代家居消费主流群体的生活态度、生活方式发生了转变。

图 17-7 是关于家居环境中以冰箱为主体的厨房生态系统打造。所谓生态冰箱，不仅为人们提供更健康的食物，更关键的是想帮助用户养成更绿色、健康的生活习惯。与常规冰箱的差别在于，生态冰箱不能保存食物太久，而且主要的材料应用是紫砂。通过材料测试发现：紫砂材料可以在短期内用物理的方式来保持食物新鲜的状态（见图 17-8）。利用材料的性能设计的生态冰箱主要分为几个区域，不但可以用于保存食物、药品，还将饲养植物和海洋生物纳入其中，组成了一个水循环的生态系统。

图 17-9 展示了水在不同模块之间的循环方式，鱼缸中的水可以浇灌植物，水分透过紫砂材料形成的水雾让冰箱中存放的食物保持新鲜。同时，通过水循环形成的水雾可以调节冰箱周围的空气状态。生态冰箱用较少的电能便可以维持运转，界面交互模块可以提醒用户冰箱中存放食物的时间和最佳食用期限。通过设计优化与迭代，生态冰箱可以不断增设新的模块。例如，图 17-10 中增加的模拟植物生长环境的模块，可以将胡萝卜、葱、土豆等植物埋入营养土之中，待到食用的时候，食物依然能保持新鲜。这种存储食物的方式还能给用户带来新鲜的互动方式，增加生活的乐趣。

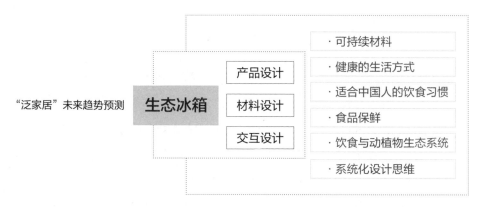

"泛家居"未来趋势预测 | 生态冰箱

- 产品设计
- 材料设计
- 交互设计

·可持续材料
·健康的生活方式
·适合中国人的饮食习惯
·食品保鲜
·饮食与动植物生态系统
·系统化设计思维

图 17-7 生态冰箱的设计架构

图 17-8 生态冰箱的材料调研（设计者：孙佳钰）

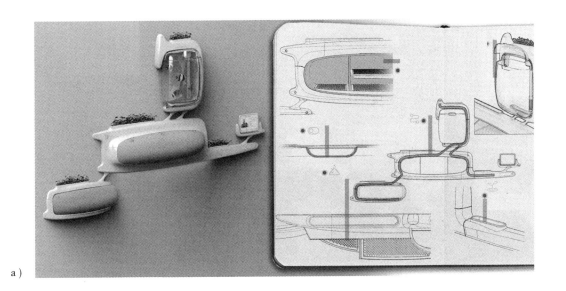

a)

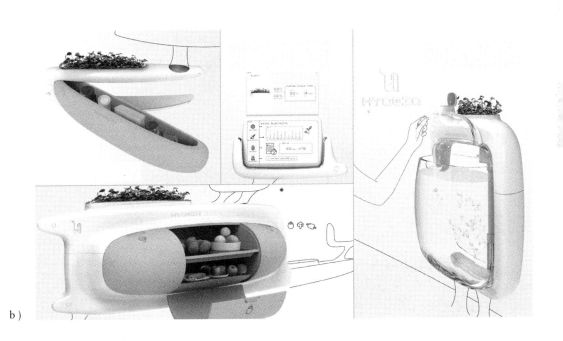

b)

图 17-9 生态冰箱的初代效果展示（设计者：孙佳钰）

第 17 讲　"泛家居"主题概念产品设计

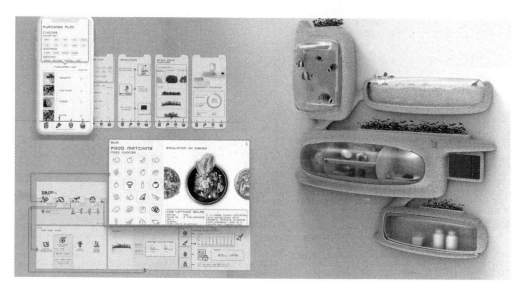

a)

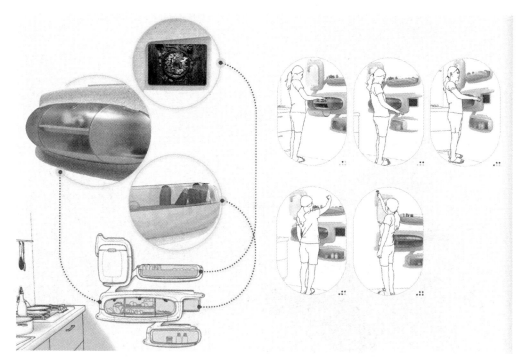

b)

图 17-10 生态冰箱的二代效果展示 (设计者: 孙佳钰)

17.3 未来居家健身：沉浸式正念体验空间设计

2019年9月，任天堂公司推出的"健身环大冒险"游戏，一经发布就迎来脱销。与传统健身方式不同，该游戏配备实体健身环，以健身的动作代替传统的游戏方式，达到保持健康与娱乐的双重目标。近几年，健身活动开始出现新的趋势：从室外转向室内，从群体服务转向个人服务。用户的诉求指向在居家环境也要拥有同健身房类似的锻炼场景和锻炼指导，这使更多健身行业利用"软件+硬件"结合的方式推广居家健身产品，以此收获大量用户的关注与消费。此外，居家健身的优势在于为用户提供沉浸式、可以进行冥想、聚集正念的健身体验。图17-11是沉浸式正念体验空间的设计架构。

虚拟现实技术创建出的三维世界能够给用户提供沉浸式体验。目前，VR技术应用场景不局限于游戏、舞台表演等。在游戏领域，VR技术的广泛应用让玩家身临其境地感受到游戏带来的无限乐趣；在舞台领域，VR技术建立虚拟场景、构造虚拟偶像，并且与观众进行远程互动、展示，让观众拥有极致的视听体验，极大地丰富了舞台设计的创新与表达。通过设计调研和用户测试发现，居家健身可以给人带来对维度的生理和心理愉悦感，这不但可以带给人们更健康的体魄，甚至在未来可能会成为缓解压力、舒缓情绪的心理疗愈辅助方式。

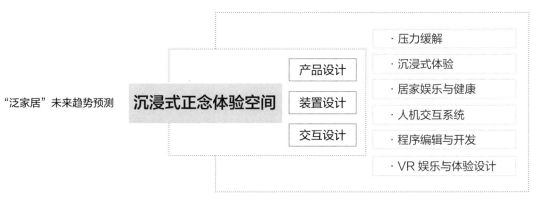

图 17-11 沉浸式正念体验空间的设计架构

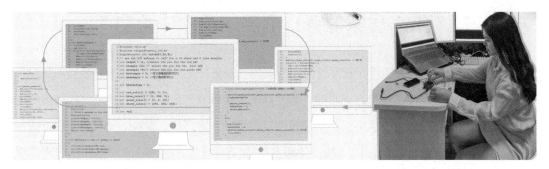

图 17-12 沉浸式正念体验空间的程序开发过程（设计者：程意然）

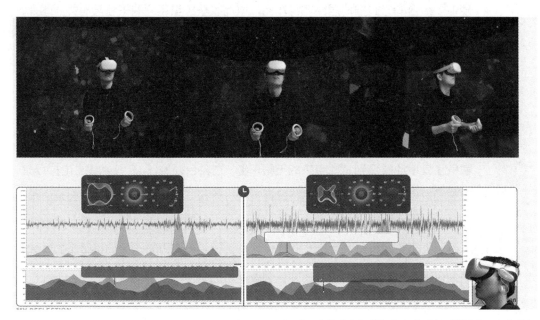

图 17-13 沉浸式正念体验空间的初期实验过程（设计者：程意然）

　　图 17-12 和图 17-13 展示了程序开发与初期实验的过程，项目的设计包括实体部分和虚拟部分。其中，实体设计是一个可穿戴设备，用于记录用户在居家健身过程中的生理体征变化，以此作为虚拟交互部分能否让用户产生心理愉悦的标准。图 17-14 展示了虚拟设计的使用情境，用户在家中利用 App 在显示屏幕投放可以互动的动画影像，随着用户做出的动作影像会发生变化，让用户能够沉浸于居家运动、冥想之中，不断集中注意力，产生正念，最终获得身心愉悦。

a)

b)

图 17-14 沉浸式正念体验空间的使用情境（设计者：程意然）

17.4 未来居家育儿：多功能系列家具设计

　　儿童教育是一个涉及多方面的复杂过程，其中居家环境中的家庭教育是不可或缺的一个重要环节。所谓家庭教育，是指父母或其他亲属对儿童进行的教育活动，它包括对儿童的生活照顾、情感关爱、行为规范、价值引导等方面的影响和作用。其中情感关爱经常被家长忽视，这会导致儿童心理问题滋生。那么，如何通过设计来营造更理想的居家陪伴、娱乐、教育系统，图 17-15 以多功能系列家居为中心，尝试从产品创新的角度去提供具有居家亲子互动、娱乐、健身等功能的家具设计。

　　多功能家具的设计理念是一物多用，尤其适用于小户型居家环境，不仅可以节省使用、占地空间，而且在拼装、组合家具的过程中，可以将其变成亲子互动

图 17-15 多功能系列家具的设计架构

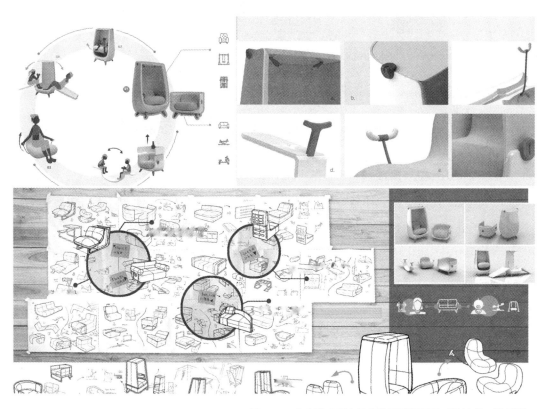

图 17-16 多功能系列家具的使用流程展示（设计者：张巧彤）

的一部分。图 17-16 通过简单的操作，座椅就可以变成家长健身的一套设备。同时，座椅可拆卸部分还可以变成儿童的木马和秋千（见图 17-17），座椅提供了几种不同的模块组合方式，为儿童提供有趣的游戏体验。在此过程中，家长与儿童高密度互动，在工作之余给儿童足够的情感关爱。图 17-18 所示为多功能系列家具的效果展示。系列多功能家具设计希望通过寓教于乐的方式，传递居家环境中亲子之间的温情，通过动手组装家具启发儿童心智和创造力。系列家具从亲子互动的角度为"泛家居"系统开辟出新的契机和方向。

图 17-17 多功能系列家具的使用情境展示（设计者：张巧彤）

图 17-18 多功能系列家具的效果展示（设计者：张巧彤）

17.5 未来居家养老：一体式卫浴产品设计

面向老龄化社会，设计者对适老型产品的关注日益增加。图 17-19 所示是为老龄用户如厕和洗浴存在的风险给出的解决方案。图 17-20 所示为一体式卫浴产品的设计草图。老年人大多腿脚不灵便与体力不支，站立时间久容易晕倒或滑倒等。因此将坐便器与淋浴器相结合（见图 17-21），可以让老年人坐下来安全舒适地进行冲洗。产品提供智能遥控器（见图 17-22）让使用者能够控制淋浴开关、蒸汽烘干、坐便器坐垫加温、冲水清洗等功能，花洒可根据老人的身高或需求左右上下调节。另外，还有自动恒温、脚下防滑按摩点，在淋浴时起到应有的安全保护（见图 17-21）。周围的排水孔不会让淋浴间存储过量的水，两边扶手使如厕更为方便安全。一体式卫浴产品是一个让人感到舒适、身心放松、有效预防危险的系统，营造了良好的卫浴环境，还为小户型节省了空间。

与老年用户常使用的卫浴产品相比，一体式卫浴提供给老年人的坐式淋浴方式比浴缸节约了大概 40% 的水量。此外，老人的如厕时间较长，久坐会使腿脚无力，马桶旁边的扶手不仅给老人心理上的安全感，也增加了他们站立时的稳定性。

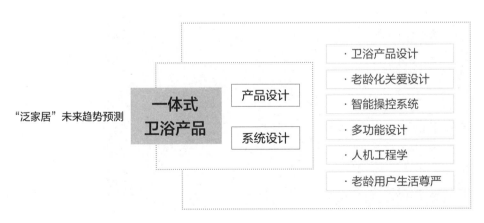

图 17-19 一体式卫浴产品的设计架构

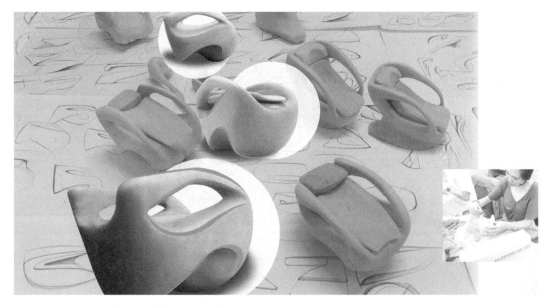

图 17-20 一体式卫浴产品的设计草图（设计者：赵妍、张依）

PART A
用户痛点

在中国有30%的65岁或以上的年长者曾在浴室跌倒，一些老人会因此受伤，年龄越大，风险越高

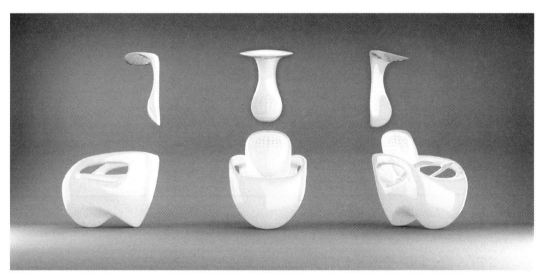

图 17-21 一体式卫浴产品的效果展示（设计者：赵妍、张依）

第 17 讲 "泛家居"主题概念产品设计

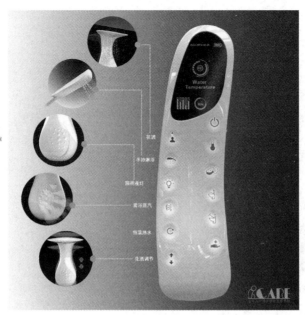

图 17-22 一体式卫浴产品智能遥控功能（设计者：赵妍、张依）

参考阅读书籍与文献

[1] 穆拉托夫斯基.给设计师的研究指南:方法与实
     践 [M].谢怡华,译.上海:同济大学出版社,
     2020.

[2] 蒋红斌.设计的基础:2016 清华高等教育综合
     设计基础教学高研班综述 [J].装饰,2016(9):44-
     45.

[3] 尹虎,刘源源.工科类工业设计专业的产品设计
     课程教学实践与思考 [J].装饰,2022(12):107-
     112.

[4] 师丹青.太空体验设计主题下的交叉学科课程探
     索 [J].装饰.2023(1):119-123.

[5] 李培根.工科何以而新 [J].高等工程教育研究,
     2017(4):1-4.

第 18 讲—第 20 讲
主题设计实训 2

在产品形象塑造和认知心理学之间建立逻辑关联，创造和引用认知科学的方法拓展设计思维，从微观产品设计向宏观战略设计过渡，为企业策划产品 PI（Product Identity，产品形象）设计研究系统并进行设计项目实践。

第 18 讲

企业 PI 设计管理策略

从宏观角度去理解 PI 设计战略的价值，即通过产品形象传达企业文化和品质信息，使公众了解产品的示能性价值，从而加深对产品形象的认知并形成对产品形象的特有记忆。企业不断加强对 PI 设计的管理将有益于系统性规范设计，并对新的产品设计形成引导与约束。将企业 PI 设计的内容分解，可以分为认知形象设计、情感形象设计和象征形象设计三个层次，图 18-1 将产品形象塑造层次与马斯洛用户需求层级建立关联，有利于搭建产品信息传递与用户自我认定之间的正向促进关系。第一，认知形象。作为功能的载体，产品是通过形态来实现的。公众通过造型、色彩、构造、尺度等视觉要素，以及材质、肌理、软硬、冷暖等触觉要素这些直观表象的内容来获取产品信息，并建立起对产品的客观认知。第二，情感形象。产品的情感体现在人与产品的交互过程中，通过产品形象的视觉刺激，可以唤起公众对产品的各种情绪体验，从而传递出企业或品牌的精神内涵及产品的性格特点。第三，象征形象。产品形象最高层次的意义是通过产品的形态特征，引起公众产生关联想象，从而表达出产品的象征性。这个过程的传达效果因人而异，与受众人群的文化程度、思维方式、联想能力等有着密切的联系。

接下来，以中国重汽集团的重卡 PI 设计战略与管理项目为例，对企业 PI 设计战略进行分解，可以从三个层级进行设计规划与管理。第一，宏观层级（PI 管理 1 级），用于把控企业文化系统的整体意向，这部分会与国家发展战略、国家相关政策、行业发展规范、企业设计生态系统紧密关联。第二，中观层级（PI 管理 2 级），用于归纳行业产品发展的共性特征，这部分会在人的认知科学和产品形象塑造之间建立关联。第三，微观层级（PI 管理 3 级），用于寻找产品形象设计的突破性差异特征，以形成用户认知记忆和市场竞争力。这部分会通过设计方法在设计的元素与要素之间建立强关联。

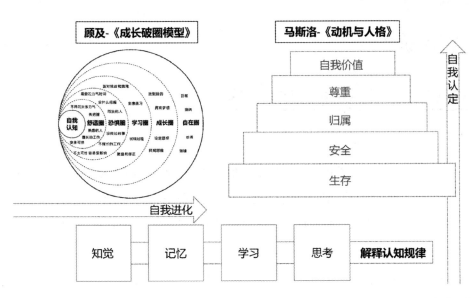

图 18-1 产品形象塑造层次与马斯洛用户需求层级关联

18.1 宏观层级——企业整体意向

面对当前复杂的国际竞争形势，企业要想在竞争中取胜，除了有质量过硬的产品外，在工业设计环节对产品形象的塑造逐渐提升企业文化"软实力"，不断发挥隐性品牌效应对企业竞争力的凝聚作用也显得越发重要。企业的 PI 设计战

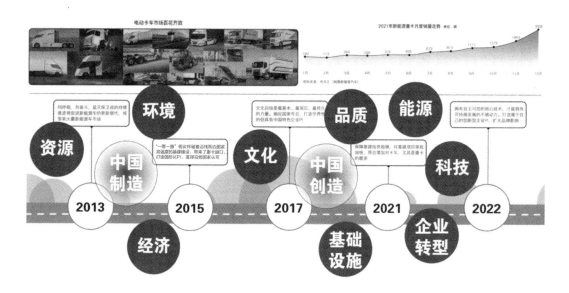

图 18-2 国家发展战略与相关政策

略与管理规范不仅聚焦于具体的产品设计风格和特征归纳，而且是一项系统性工程，从宏观层级的 PI 管理将作用于把控企业文化系统的整体意向。以中国重汽集团的重卡 PI 设计项目为例，图 18-2 从国家发展战略、国家相关政策、国家能源发展策略、科技发展趋势、行业发展规范等角度将企业设计生态系统与之紧密关联。作为中国大型企业之一的重汽集团，要在重型装备行业发挥"国之重器、改革先锋"的重要作用，并肩负"中国制造"向"中国创造"转型的历史使命。图 18-3 将这一历史使命分解成三个阶段：中国制造、中国质造、中国创造。以工业设计为主导的 PI 设计战略将发挥行业示范作用、弘扬品牌文化，将企业推向国际竞争市场，并发挥行业领军旗帜的关键作用。

从宏观的角度思考 PI 设计与管理，重点在于探索 PI 系统的底层逻辑，以此指导不同领域、不同行业，从宏观到微观实施 PI 战略。图 18-4 结合"第一性原理"中的三个阶段：归零、解构和重构，来解析如何进行 PI 设计布局。第一阶段，归零是为了锁定事物的本质，而 PI 设计战略的本质是帮助企业提升竞争力。

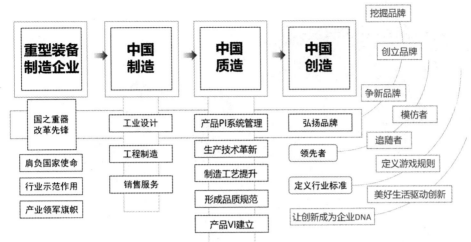

图 18-3 中国重装企业的发展战略

一个优秀的产品形象可以为企业铸就坚强的堡垒，区别于其他竞争者，从而脱颖而出。这需要与四个方面紧密关联：国家战略目标、企业战略目标、国内外市场趋势和用户需求。综合四个方向的设计定位，才能帮助企业在日益激烈的国际竞争中胜出。第二阶段，解构是为了将抽象的目标具象化，例如如何解读与企业相关的国家战略目标，其中可以分解出国家政策导向、国家历史文脉、国家支柱产业等分支，在从中筛选出能够对核心设计定位起到决定性作用的信息，并将这些信息加以整合就过渡到了第三阶段，即重构。重构系统的关键在于能否形成创新性、差异性、补齐之前发展短板的设计目标，所以对标竞争企业或者初试目标，设计项目团队要客观地对重构信息进行多维度评估（借鉴"归零"阶段的四个方面作为评估标准），因为这将成为未来企业市场竞争的核心力量。

PI 设计的宏观层级，也是最初的蓝图阶段，设计团队通过第一性原理确定企业产品创新的核心价值，然而核心价值是一个抽象的理念，无法直观地向消费者展示，所以在这种情况下视觉层面就会发挥出巨大的作用，通过外观设计、色彩设计等手段落实到产品中，最终形成一个完善的内外共存的产品形象，因此中观层级和微观层级在 PI 设计中发挥着重要作用，会在后文中加以阐述。

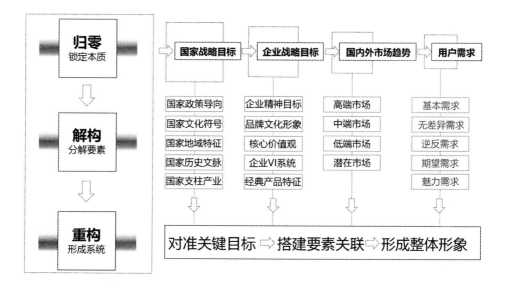

图 18-4 中国重装企业的 PI 设计战略

18.2 中观层级——产品线共性要素

中观层级的 PI 设计与管理策略重点在于寻找行业之间的共性要素，共性的寻找为企业设计创新奠定基础。这部分的理论支撑来源于人的认知科学，并通过设计在认知科学与产品形象塑造之间建立逻辑关联。因为产品形象设计的关键在于产品视觉识别要素与用户的认知之间是否匹配。结合中国重汽集团的重卡 PI 设计项目，在调研过程中可以发现各大品牌的重卡在造型语言方面都有着独特的风格特征，一定程度上与其品牌所在的地域特点及品牌文化有着隐性的联系。各品牌的重卡在销往不同国家和地区的同时，也对涂装及色彩进行了特色设计，使民族文化能够更好地融入品牌文化，从而更好地引发情感共鸣。图 18-5 将中观层级的关键信息分解为：认知科学、品牌文化、PI 设计、设计创新四个方面，逐一分解其涵盖的内容，寻找适用于指导 PI 设计的规律性和规范性策略。

PI 设计是产品内在的品质形象与产品外在的视觉形象形成统一性的结果，是企业的综合形象。中观层级的共性产品形象主要由视觉形象、品质形象和社会形象三个方面组成，如图 18-6 所示。视觉形象是指通过人的视觉捕捉到的产品形象，如产品的外观造型、产品的包装、材质的体现，以及广告的呈现等特征，是产品形象构成中的初级台阶；品质形象是高于视觉形象的层次，它是整个产品形象的核心，通过产品设计对功能的研发、工艺的实现、生产管理，以及销售服务，给消费者形成体验性印象；社会形象相较于视觉形象和品质形象有所不同，它是视觉形象与品质形象的综合提升，是物质到非物质的精神跨越，其中包含社会认知、社会评价、社会地位，以及社会影响等。以中国重汽集团的重卡 PI 设计项目为例，在产品视觉形象、品质形象和社会形象的三个构成层次中，由于重卡类产品的特殊性，除部分工作人员能够直接接触外，一般不与社会公众产生直接的使用关系，而是基本通过产品自身的外观形象向社会公众传达信息。因此，在其产品形象的构建中，可通过视觉形象激发公众产生心理活动，建立起对其品质形象和社会形象的基础认识，从而在整个过程中层层递进，逐渐形成一个统一的产品形象。中国重汽的 PI 设计战略可以参考国际 PI 历史悠久的汽车品牌，以奥迪企业文化"软实力"系统蓝图为例（见图 18-7），企业明确 BI、CI、VI 和 PI 在企业文化生态系统建设中发挥的作用，从企业组织层次对各系统进行调控，并实时增减服务触点来满足用户需求。

在共性要素收集阶段，对设计规范的信息收集也是必要的组成部分。图 18-8 是重型卡车的人因工程参赛、汽车架构、外观尺度、模块连接方式、人机交互系统的尺度标准等信息，为下一步微观层级的具体产品设计开展提供数据支撑。

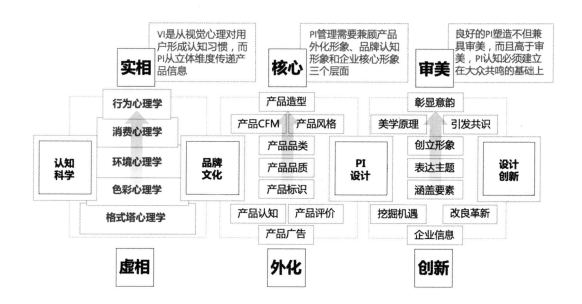

图 18-5 中观层级的关键信息

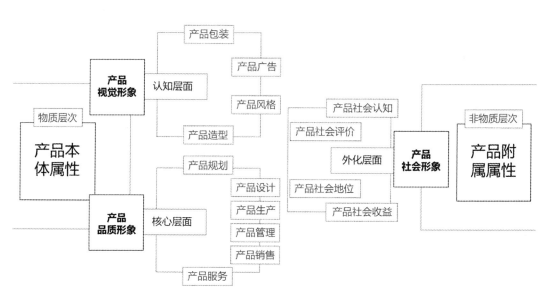

图 18-6 企业 PI 包含的三种形象

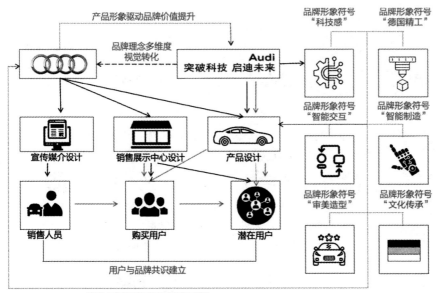

图 18-7 奥迪企业文化"软实力"系统蓝图

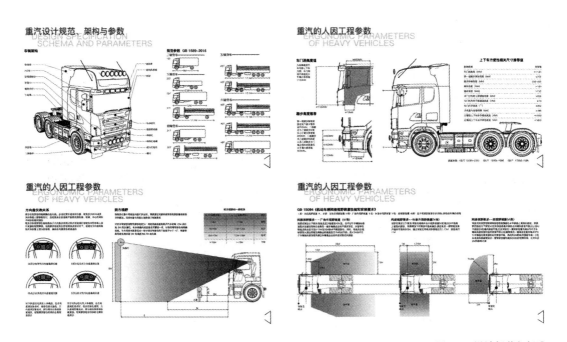

图 18-8 设计规范与标准

18.3 微观层级——产品个性塑造

微观层级的 PI 设计与管理策略所涉及的内容，通过工业设计思维方法对企业产品进行家族化扩展。所谓"家族化产品"，是指一个企业中不同类型的产品，通过外在形象的相同特征（可称为拥有相同的 DNA），传达给大众的是一个协调统一的族群视觉感受。企业文化将是形成差异性竞争优势的关键要素。一个优秀且统一的产品形象能够很大程度上彰显出企业品牌的文化形象、经营理念，从而形成 PI 战略宏观到微观的逻辑闭环，助力企业在激烈的市场竞争中脱颖而出。

在这个阶段，设计团队的工作要点在于，通过设计方法在 PI 设计元素与要素之间建立强关联。根据宏观、中观层级自上而下、不断细化的设计目标和要求，首先要对目标企业的 PI 设计发展现状进行评估（见图 18-9），对标国际、国内知名企业的 PI 设计发展情况（见图 18-10、图 18-11）。设计团队要融合品牌所在地域的文化特征、社会组织形态和国家发展战略，对产品定位进行细化。图 18-12 是对中国重汽集团所在的山东省地域文化元素进行提取，依据企业对中国文化传承的发展目标，团队对可用于重卡 PI 设计的中国元素进行收集的梳理。

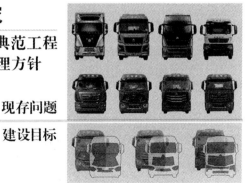

图 18-9 中国重汽 PI 设计的现存问题及建设目标

图 18-10 红旗汽车品牌 PI 设计案例

图 18-11 一汽解放品牌 PI 设计案例

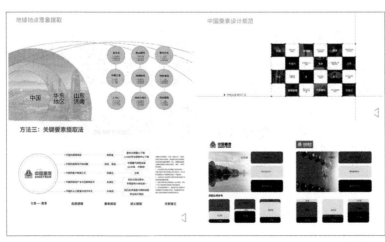

图 18-12 企业特色提取与要素关联建立

接下来的任务是如何将中国元素融入中国重汽的重卡 PI 设计之中，并将元素转化为要素。对于设计师而言，需要建立产品形象（产品信息的解码与编码）。首先要将抽象的理念信息进行解码，解读企业和品牌的产品诉求并形成相对具象的意向信息，之后将解码后的意向信息转化为具体的设计语言并通过视觉的表现方式再进行编码，进而形成视觉识别要素，并通过形、色、质等外部直观的视觉表现方式将其编码到新的产品之上。检测元素向要素转化成功与否的标准在于，大众对产品进行识别（产品信息的解码）。从传播的过程来看，产品作为核心的载体，通过造型、色彩、材质等外在视觉语言，与公众建立联系。公众根据自身理解和经验对相应的视觉信息进行解码，完成对产品文化输出的识别。

在中国重汽重卡 PI 设计中，通过用户访谈、实地走访、企业管理者深入专访等形式，对设计关键信息加以整合；通过实践发现设计元素与企业发展、产品属性、企业文化、用户分层之间的关联，是建立元素向要素转化的关键途径。例如，为了突显重汽重卡设计的中国元素，企业选取了长城形象的前围格栅设计和弓箭、金戈利刃造型的卡车前灯设计，然而将一众元素在前围设计中呈现时，每个部分都显得十分割裂，究其原因是缺乏系统性的思维架构和整体性的设计把控。重新构思的设计定位将长城元素作为 PI 设计的主要素，其他元素相对弱化，并且通过企业背景研究，将长城元素与企业发展进行强绑定，建立逻辑关联。

中国重汽的重卡受到路况、价格、制造工艺、污染标准限定等条件的制约，同时国内发达的物联网经济促使运输需求剧增，所以需要融合国情去理解重卡呈现轻量化、减配、价格低等的原因。首先，以长城语义可以传递稳重与安全的信号。"万里长城"是中国人的认知共识与骄傲，所以这种连接既弥补了车辆制造工艺、轻量化的缺陷，又强化了中国特色。其次，以绿色作为主色调可以更符合对环境保护和资源合理利用的夙愿。再次，要在不同车型之间创立统一的大特征，是为了车队行驶过程中的视觉与形态势能。最后，在价格战的制约下，突出重汽动力强劲的方式是提升汽车造型的立体感，而稳重感和安全感可以通过局部细节

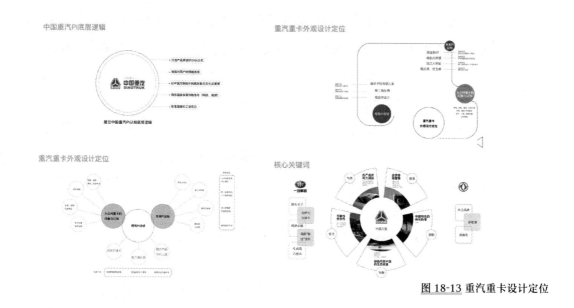

图 18-13 重汽重卡设计定位

图 18-14 企业 PI 设计步骤

品质提升来打造。以上四点是结合多维度企业调研做出的中国重汽"中国方案"
的具体设计目标（见图 18-13），以此将展开企业 PI 设计的具体执行计划，
图 18-14 将设计步骤分解成十个组成部分，以供参考。

家电企业 PI 设计战略：以小熊电器为例

　　小熊电器的董事长李一峰将小熊电器的发展分为三个阶段，即注重产品功能性研发的初期、加强外观颜值和生活场景协调的中期，以及关注产品与目标用户个性和喜好匹配的后期。核心竞争力主要体现在四个方面。第一，生产端。小家电产品的优势在于体积小、组装方便，也拥有相对比较完备的产业链。第二，渠道端。互联网这一资源是共有的，小熊电器进入电商行业时间较早，线上销售渠道独一无二，且已经拥有持续性口碑。第三，产品端。充分利用互联网科技，对消费者的细微需求做到精准掌握。第四，品牌端。小熊公司的竞争力重点在其形象方面，如萌家电、高颜值等。

19.1 "小有成就" PI 设计模式：细化目标市场

　　2006 年，小熊电器成立于佛山，这一时期企业设计集中于单品或单线系列产品的创新。企业逐步组建设计部门进行产品设计，主要任务包括市场调研、生活情境追踪、设计定位、原型开发、用户沟通与产品落地反馈。这一时期小熊设计往往围绕单品进行优化迭代，部分产品在市场上取得良好反馈，正所谓"小有成就"。小熊关注使用细节，凭借"小而精""创而新"的特点，受到消费者的青睐。同时，佛山拥有众多家电相关产业，小熊开始关注产业链建设，以达到设计与产业的融合，即产业支持设计，设计赋能产业。

　　研究策略：情景还原与用户旅程追踪，关键在于挖掘细节。表 19-1 所示为小熊电器目标用户细化分析。洞察到"一人食"成为年轻消费者的主要场景之一，小熊电器推出满足一人食场景的创意产品，并将产品融入厨房场景，回应用户精致生活诉求。同时，随着精致露营成了年轻人的潮流游玩方式，小熊电器瞄准精致露营需求，推出卡式炉、电烤锅、户外电源等露营产品，现场不仅打造可以直接被复刻的精致露营场景，还邀请达人分享解锁户外露营的各种攻略，与年轻人探索多元玩法。

表 19-1 小熊电器目标用户细化分析

参考选项	选项细分	传统类别 1 中青年家庭主妇	传统类别 2 白领职场女性	潜在类别 1 独居单身人士	潜在类别 2 中青年男性
家庭构成	两口之家				
	三口之家				
	四口之家（以上）				
城市类型	一线城市				
	二线城市				
	三线城市及村镇				
经济收入 （月收入）	3000 元以下				
	3000~5000 元				
	5000~10000 元				
	10000 元以上				
教育程度	高中以下				
	中专大专				
	本科				
	研究生及以上				
工作类型	技能型				
	事务型				
	研究型				
	艺术型				
	经管型				
	社交型				
生育情况	无生育				
	生育 1 子				
	生育 2 子及以上				
家居环境	一室一厅一卫				
	两室一厅一厨一卫				
	三室两厅一厨两卫				
	四室两厅一厨两卫及以上				
小家电品牌偏好排名	九阳				
	苏泊尔				
	小熊				
	美的				
	小米				
小家电产品风格偏好	现代简约风格				
	古典欧式风格				
	东南亚风格				
	新中式风格（古典中式）				
小家电产品购买因素排序	质量耐用				
	功能全面				
	外观品质				
	气氛仪式				
	价格性能				
	智能交互				
小家电购买种类排序	厨房小家电产品				
	家居小家电产品				
	个人生活小家电产品				
	个人使用数码产品				

19.2 "内外兼顾" PI 设计模式：打造自主品牌

　　2009 年，小熊规范了企业 VI 系统，通过规范品牌管理强化了企业 PI 意识。同年，小熊提出"快乐生活，家有小熊"，优化品牌形象、开通淘宝商城旗舰店，并开始扩展产品品类，从最初的以酸奶机、煮蛋器、电蒸锅、电炖盅为主的典型小家电，扩展至包含厨房、个护、婴童等 60 多个品类（见图 19-1），每年下线生产 500 多款产品。这一时期小熊的设计及生产规模迅速扩张。同时，小熊将设计驱动型企业作为目标，大规模的设计任务促使企业协同周边产业的设计能力，进行设计力量融合与整合。然而，外部设计对品牌文化及品牌形象的理解偏差，导致沟通成本庞大，PI 无法统一。因此，伴随小熊电器品类速增，企业 PI 与 VI（Visual Identity，企业视觉识别）、CI（Corporate Identity，企业形象识别）和 BI（Behavior Identity，企业行为识别）系统形成"内外兼顾"型管理模式成为企业设计战略的首要任务，可细化为：第一，企业与生产供应链的高密度强链接；第二，企业与产业之间的高度整合发展；第三，用户、企业及产业形成共创模式。

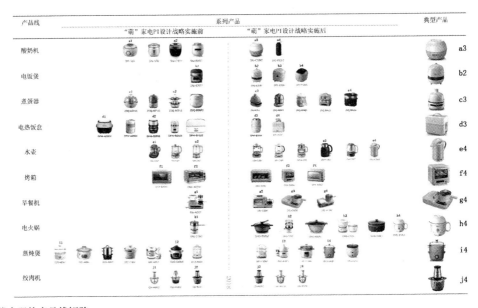

图 19-1 小熊电器的产品线矩阵

19.3 "萌而不凡" PI 设计模式：深耕用户心智

"萌"一词始于 1990 年前后日本漫画作品中的少女角色，用于表达类似喜爱之情的词语。2010 年后发展成为网络用语，表达喜欢、可爱之意。小熊电器 VI 中采用的动物形象启发了设计团队以"萌"为中心词对企业 PI 进行新的梳理，其深层次的企业文化包含轻松、愉悦、温暖、亲和、品质的心理效应。同时，"萌"是年轻态的代名词，凸显了企业清晰的目标用户分层与用户心智分析。小熊作为"萌家电"的创造者，是小家电行业的领先品牌，致力于研发生产具有个性及小众的小家电，为用户营造一种追求时尚品质的"萌"生活。小熊电器的产品品类消费特征明显，主要定位的目标客户人群包含"年轻、时尚、中产及新白领""女性居多"等标签。具体手段为以性价比、年轻化、高颜值打造细分产品优势。图 19-2 所示为小熊"萌"系列电饭锅的设计分析。

小熊电器提出了"萌家电"的概念，以智能化、品质化的产品为媒介，搭建起与用户情感沟通的桥梁，让用户通过产品发现生活的美好，从精神层面提升生活的质量。"萌家电"的定位不仅是基于产品萌趣的外形设计与一机多能的功能卖点，更是希望超越产品层次，与用户达到精神、情感层面的共鸣，能在更高的情感层面与用户建立联系。以"萌家电"为载体，为用户营造一种简单、纯真的生活方式。

研究策略：用户心智模型。通过各类信息化系统建立起自己的"消费者大数据库"和数字化矩阵，运用大数据精准洞察年轻群体的消费需求，将用户需求数据化、痛点显性化，从而驱动产品快速迭代、优化升级，大幅度提高产品的抗风险能力和市场响应速度，数据驱动已成为激活小熊电器持续扩展的底层动力。企业可以依靠数字平台搜集结构化或非结构化数据，分析消费者的年龄、性别、文化程度、兴趣爱好，以及消费偏好，将消费者划分为各个群体，精准打造用户画像、精细划分用户层次、精确建立用户心智模型，从而与消费者进行更频繁的价值互动，设计生产符合各个消费群体的个性化产品。

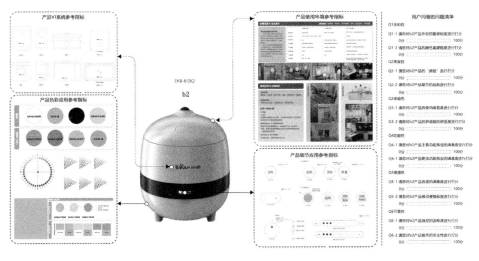

图 19-2 小熊 "萌" 系列电饭锅的设计分析

重装企业 PI 设计战略：以中国重汽为例

　　企业 PI 设计战略的实施是中国工业设计企业具有实战意义的一条有效途径，它为企业各部门之间的深入协调和系统组织提供了事业要求和明确目标。通过企业 PI 设计能迅速将设计创新与企业战略整合起来，形成产品对市场的独特呈现。阿斯顿马丁汽车品牌的 PI 设计，验证了 PI 设计不能只停留在产品样式和风格的塑造上，提升产品内核品质和技术含量将拓展 PI 设计的维度，继续向上升级，还要将产品的文化品质、设计视野和人文关怀凝结在一个系统中，形成产品的跨文化认同。中国企业的产品设计创新发展，必然会结合国际市场的风云变幻，放眼设计的未来趋势，将工业设计与企业文化拓展战略相融合，突出以人文建设为基石的 PI 设计方针，将成为解决此类问题的关键。

以中国重汽集团 PI 设计战略与管理项目为实践案例，通过企业实地考察和品牌 PI 设计文献研究，完成一系列设计报告，为企业开展 PI 设计战略提供启示。通过多轮信息可视化的调研内容迭代，对调研逻辑进行深入梳理，思考 PI 设计的社会价值，尝试建立特有国家与企业发展、民族精神与审美基调之间的关联，最终导出设计关键要素与文化生态系统，并建立企业 PI 设计的价值评估体系。中国未来的设计战略其核心依然是 PI 设计，设计在市场竞争中决胜的关键在于如何获得中国用户的认同。因为用户的文化背景和社会习性会映射在产品形象之中，形成意象观念与具象形式，落实到具体方法上便是企业 PI 设计与认知科学的关联研究。因此，中国企业的 PI 设计必然会与中国社会、生活、生产、历史文化之间形成强关联，PI 设计战略的终极目标将是完成对中国文化生态系统的全面输出。

20.1 设计目标：高品质的生产

"高品质的生产"作为设计主题，从理论研究回归设计实践，将对美好生活构筑推进到设计战略的宏观层次去思考设计的价值。设计作为一种企业的服务机制，正在通过建立消费者的需求和企业产品生产信息系统之间的联系，将企业的量化生产和产品的个性要求之间有效地连接起来，并形成高度统一、高效组织生产的企业行为。

党的十八大以来，文化自信已经成为中华民族对自身文化价值的充分肯定和积极践行，并对文化的生命力持有坚定信心；《质量强国建设纲要》部署实施依靠中国制造品质、依托中国品牌，中国企业责无旁贷地担任"中国制造"向"中国创造"转变的历史使命。然而，实现"中国创造"的"硬实力"与"软实力"同等重要。企业实现高品质的生产需要协同技术升级、设计创新、PI 设计战略等关键内容。其中，实现品牌"软实力"的关键就在于 PI 设计战略。参照国际知名企业，可以发现 PI 设计早已根植于企业发展战略之中。以三星为例。三星在 1996 年就引进 PI 设计战略，致力于打造全球顶级品牌。三星的 PI 设计战略按照时间线经历了四个阶段。

第一阶段，企业设计团队以产品开发为中心，面向未来 12 个月设计开发新产品；第二阶段，企业设计团队以产品原型创新设计为中心，由跨部门人员组成融合型团队，面向未来 13 ~ 24 个月设计开发新产品；第三阶段，企业设计师团队和企业中高管理层共同规划全系产品的品质与形象特征，形成品牌文化，并为未来 3 ~ 5 年的业务投资制订计划；第四阶段，企业建设未来设计中心，由主管设计师和企业最高层管理人员组成，面对企业未来 6 ~ 10 年的发展方向构思新的产品概念和技术路线图。从第三阶段开始，企业的设计发展中心转向全面的 PI 设计战略，进而为企业市场竞争提供持续性的文化输出资源。

工业设计是中国企业创新的核心力量之一，未来的企业设计策略将从单一产品设计升级转向对全系产品形象特征塑造的关注，进而形成企业的"家族脸谱"，提升企业产品形象的公众认知度和国际竞争力。以产品为中心、以企业的发展目标和品牌文化为内容的产品识别系统建设一直是设计赋能企业的良好途径。进入 21 世纪，工业生产方式转变为数字、信息、柔性化、生态和人文关怀。PI 战略是企业产品品牌化、系列化和系统化的必经之路，是企业产品内在品质形象与外在视觉形象的高度统一，同时也是企业参与国际竞争并占有一席之地的重要武器（见图 20-1）。它可以帮助企业进行产品形象分析与定位，依托企业发展战略与企业文化，制定产品的发展战略、规划系列产品形象和传播独特的企业文化，进而提高企业市场竞争力和经济效益。以中国家电企业的 PI 设计战略为例，20 世纪 90 年代，中国家电企业着力打造国际性品牌，包括美的、格力在内的家电企业，开始从简单的产品设计延伸到了企业形象设计，从企业名称到整体形象识别都做了新的设计。1980 年，美的抓住了改革开放的政策红利，开始制造电风扇，就此进入家电行业。1981 年，美的正式注册"美的"商标，开启了品牌 VI

第 20 讲　重装企业 PI 设计战略：以中国重汽为例

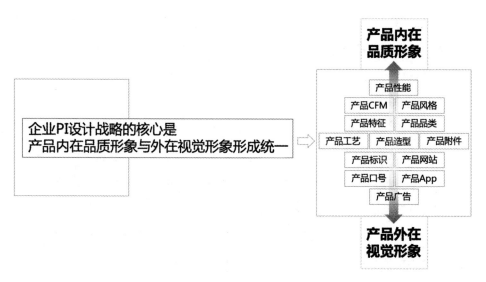

图 20-1 PI 设计的核心体系

设计战略,试图以 VI 设计打造一个具有家族象征的"家电帝国"。如今,美的已逐渐意识到 PI 战略和 BI 战略的重要性,并希望通过公司架构的调整来激发企业的创新潜能。

迈克尔·波特曾在《哈佛商业评论》上发表过一篇《什么是战略》的文章,文中关于战略的论述: "什么是战略? 我们发现取舍概念为解答这个问题提供了崭新的视角。战略就是在竞争中做出取舍。战略的本质就是选择不做什么,没有取舍就不需要选择,也就不需要战略。"现阶段及未来,企业提升"软实力"的关键在于企业文化、设计创新与用户认知的系统性兼容,其核心是企业 PI 设计创新战略,这将成为企业成功转型升级的必然抉择。PI 是企业在文化理念的指导下,通过设计策略,建立识别特征,并将特征延续性地使用在横向、纵向发展的产品系列中,以此来获得用户对企业理念的辨识与认同的过程。从宏观层面,PI 设计战略可以帮助许多行业扭转"大而不强"的现实局面,实现企业内在品质文化、用户生态体系与产品外在视觉形象的高度统一,从而提升企业的综合竞争实力(见图 20-2)。

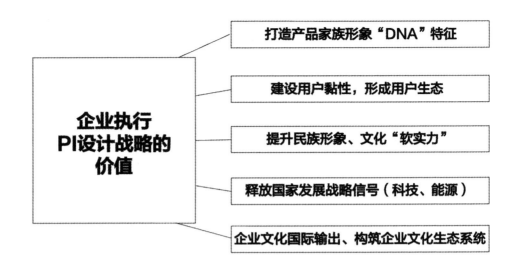

图 20-2 企业 PI 设计战略的宏观价值

从微观层面理解，PI 可以看作一种与设计师与用户沟通的语言，而沟通的前提是使用用户能够理解的语言。正因为此，将人的认知科学引入 PI 设计战略之中，通过两者关联的建立理解用户对产品认知的底层逻辑。设计师要想通过产品形象传递给用户产品的示能性和审美性信息，需要建立用户的心智模型。因为，用户在不同地域文化中不断成长，接受多元化传统文化熏陶，被不同时代的潮流文化所吸引和感染。只有了解、捕捉这些特定的文化符号，才能将文化符号编织成产品语言，传达品牌的调性。用户通过购买产品，不但能满足自身的文化需求，同时还能给其他人展现自己的文化品位。这便是企业 PI 设计战略的微观价值（见图 20-3）。

在 PI 之前，还有 BI（Brand Identity，品牌识别）和 CI，其中 CI 还包括 MI（Mind Identity，企业理念识别）、BI（Behavior Identity，企业行为识别）和 VI，整个识别系统家族十分庞大和复杂。PI 由来已久，通过企业形象识别建立品牌由此诞生，各种品类的产品将自己的品牌与特色不断发扬和积淀下来，为人熟知、广泛流传，就是最朴素的 PI 设计（见图 20-4）。

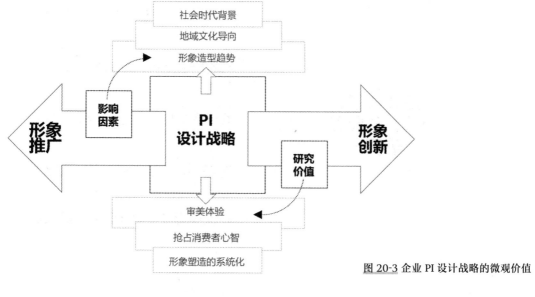

图 20-3 企业 PI 设计战略的微观价值

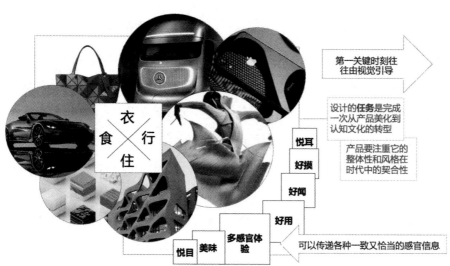

图 20-4 PI 设计战略已经渗透衣食住行的品牌之中

综上所述，PI 致力于将品牌理念融入产品的设计语言，形成家族化的设计风格和传承的产品"DNA"，提供产品差异化竞争的思路，在多元的消费环境下，帮助企业打造有品牌特色的产品。同时，PI 是商品品牌识别的外在强化，让商品更具品牌特征，提振了品牌的传播效果。

20.2 底层逻辑：认知科学对 PI 设计的启示

第三阶段的课程以实践性课题：重型卡车的 PI 设计战略为中心，以中国的实业和企业为调研基础，从设计思维与产品战略的角度去进行设计创作，并探讨产品设计的内在逻辑与科学支撑。课程的目标是通过理解人的认知科学系统打造目标品牌的产品形象塑造。其中，相对熟悉的内容是产品外观设计，而对于它的理论支撑部分则是人的整个认知体系。将两者结合的目的是告诉设计者如何进行产品创作，它需要由内向外的认知体系建立。那么，外在成果是产品的形象塑造，而内在逻辑则在于人们的心智与认知习惯。图 20-5 所示为认知科学与产品形象塑造的逻辑梳理。

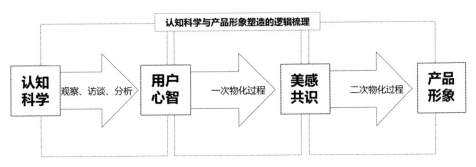

图 20-5　认知科学与产品形象塑造的逻辑梳理

所谓人的认知系统通常会与记忆、经验、经历、体验、生活习得等密切关联，开始会停留在感性的层面，随着经验的积累，会朝着理性的角度过渡（见图 20-6）。认知科学是一门研究信息如何在大脑中形成以及转录过程的跨领域学科，其研究领域包括哲学、认知心理学、计算机科学、语言学、人类学和神经科学六个主要领域。六大学科之一的认知心理学是研究认知及行为背后用户的心智，包括人的思维、决定、推理、动机和情感等的心理科学。因此，认知心理学细化了人的认知系统研究，更有利于与产品形象等设计活动建立直接联系。同时，认知心理学与环境心理学、色彩心理学、消费心理学、格式塔心理学等学科相关联（见图 20-7），研究记忆、注意、感知、知识表征、推理、创造力，及问题

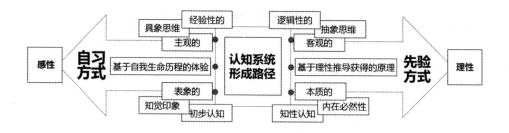

图 20-6 人的认知系统的形成路径

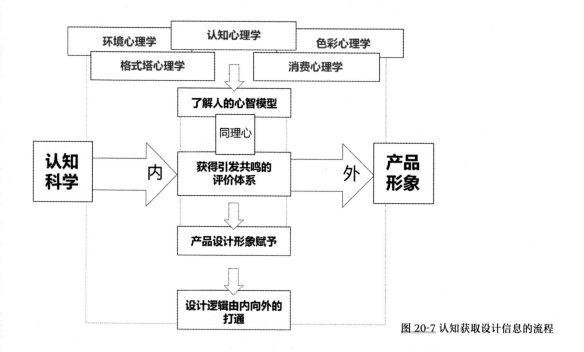

图 20-7 认知获取设计信息的流程

解决的运作，这其中蕴含的规律性需要设计者去观察分析，并建立目标研究者的心智模型，在设计时将其作为参照，才会有利于让设计赢得用户的信任，并引起共鸣。

广义上的认知心理学研究的主要是人的认识过程，如注意、知觉、表象、记忆、创造性、问题解决、言语和思维等。狭义上的认知心理学主要是指采用信息

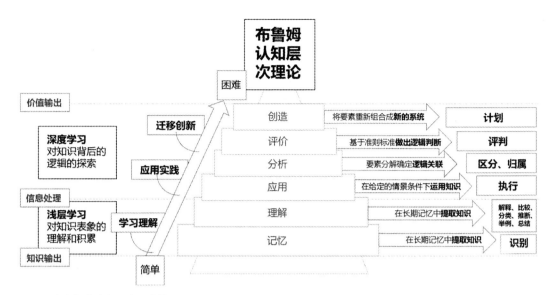

图 20-8 布鲁姆的认知层次理论模型

加工观点研究认知过程。认知心理学将人看作一个信息加工系统，认为认知就是信息加工，包括感觉输入的编码、贮存和提取的全过程。将认知分解为一系列阶段，信息加工系统的各个组成部分之间都根据某种方式或者需求相互联系。认知心理学对人的认知思维进行梳理，把目标层次由低到高、由简到繁分为 6 个层次层层递进，分别是：记忆 - 理解 - 应用 - 分析 - 评价 - 创造（参考美国教育心理学家本杰明·布鲁姆的研究）。通过布鲁姆的认知层次理论可以分析和掌握人对事物的学习规律，进而对应设计活动，不仅可以理解用户认知与产品形象语义对接的方式，还可以将这个系统用于培训和指导设计人员的系统性、创新性、逻辑性、融合性（见图 20-8）。

认知层级模型与美国认知心理学家唐纳德·诺曼提出的设计原则三层次理论之间可以建立对照关联。根据诺曼的设计原则理论，消费者认知产品也是从初级的感官本能层级到使用过程中的行为层级，再到使用后的反馈层级。理解了人对事物的认知层级之后，接下来的问题是，如何建立认知与审美之间的关

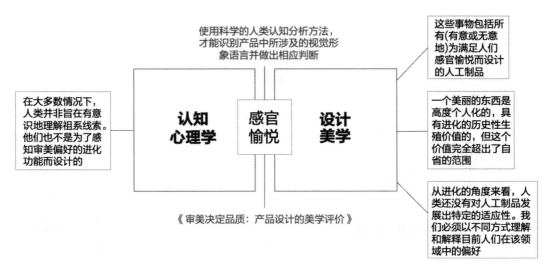

在大多数情况下，人类并非旨在有意识地理解祖系线索。他们也不是为了感知审美偏好的进化功能而设计的

使用科学的人类认知分析方法，才能识别产品中所涉及的视觉形象语言并做出相应判断

认知心理学

感官愉悦

设计美学

这些事物包括所有(有意或无意地)为满足人们感官愉悦而设计的人工制品

一个美丽的东西是高度个人化的，具有进化的历史性生殖价值的，但这个价值完全超出了自省的范围

从进化的角度来看，人类还没有对人工制品发展出特定的适应性。我们必须以不同方式理解和解释目前人们在该领域中的偏好

《审美决定品质：产品设计的美学评价》

图 20-9 认知心理学与设计美学的关联

联性。这将帮助设计者找到用户审美取向的底层逻辑，并在设计中加以利用（见图 20-9）。

对于设计美学的标准建立而言，感知、认知和社会是造就审美偏好的主要原因。图 20-10 总结了一系列认知偏好对审美体验的影响规律。其一，从美学的角度来看，人对知觉信息进行内在运动序列编码来进行具身认知，通过发音的运动表征来帮助我们进行抽象的语言认知，也可以通过理解他人面部表情或行为等来理解情绪，达到个体之间的共情效应。其二，在设计审美过程中，审美意象的生成和创构是产生审美愉悦的核心环节。审美意象是一个包括视觉、听觉等知觉信息的意象综合，其中视觉意象起到关键作用。图 20-11 的摄像头设计借助形状发送直观的视觉信号，映射用户的心理认知，引导用户的正确行为，通过形状的组合对应设计，映射用户的心理认知模型，引导正确的监控行为。其三，美学的意义在于为世界带来秩序和统一，帮助理解世界，带给人们满足、舒适、幸福，还有安慰。一般来讲，扩大认知、增强注意力与动机是设计美学给用户带来的直接功能和影响。

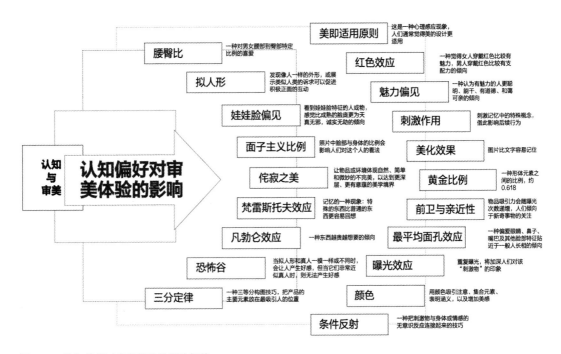

图 20-10 认知偏好对审美体验的影响规律

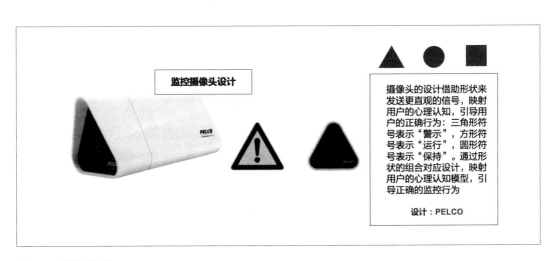

图 20-11 摄像头设计

第 20 讲　重装企业 PI 设计战略：以中国重汽为例

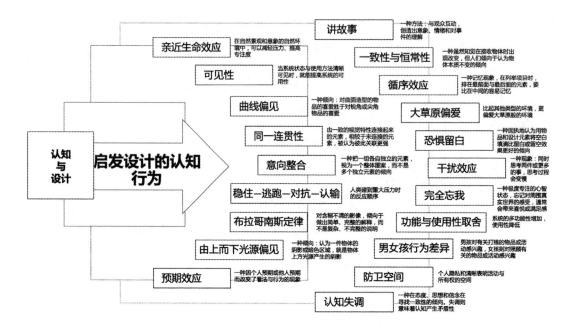

图 20-12 启发设计的认知行为规律

从设计美学活动中解释认知研究的价值，通过认知产生共情能力是非常重要的。所谓共情是通过产品传递给用户一致又恰当的感官信息。能够产生共情的产品让用户觉得悦耳、好用、好看或好闻，且具有高度审美标准，能够令人愉悦。图 20-12 展示了一系列能够启发设计的认知行为规律，从信息传递的角度去理解设计与认知的关系，设计的目标是在人与产品之间传递信息，简称为展示产品的"示能性"，设计的本质是解决信息的认知问题。需要关注的是，人是社会化动物，所以人的认知系统不仅包括与自然沟通，还包括与自己的同类沟通。因此，设计也发挥着"人－产品－社会"认知过程中的媒介作用，以方便产品示能性在人与自然、人与人之间沟通。图 20-13 所示的系列按钮设计案例，通过按钮形态语义信息显示，在人与按钮互动的过程中，对不同按钮的形态所包含的操作意义进行解读和心理暗示，信息变化、流动在用户之间形成共鸣，引导用户借助直觉认知对日常生活中的共性行为进行易用性操作，最终多重信息在人的意识中聚合，实现用户"自我认定"与产品"示能性"达成共识。

系列按钮

设计师将人们对五种触觉操作（转动、拉动、翻转、推动、按下）的直觉认知与按钮的形态设计相互关联，借助语义学原理帮助用户对不同按钮的形态所包含的操作意义进行解读和心理暗示，引导人们借助直觉认知对日常生活中的共性行为进行易用性操作

图 20-13 系列按钮设计

综上所述，设计者通过将信息赋能产品这一媒介来尝试与用户沟通，产品通过展示其"示能性"调控用户认知、产生情感反应，同时用户在自我内省和社会观照的过程中产生"自我认定"。由此推断认知心理学与产品形象塑造之间的底层逻辑：通过对信息的转化和调节，在设计者－产品－用户之间建立良性沟通。因此，借助认知科学建立的信息处理、传递方法、依据认知规律预设的产品语义符号，将在产品形象设计中发挥着关键作用。使用者对产品进行审美深度体验，创造出丰富的审美意象，产生愉悦的审美情感，于是使用者、设计者和产品相互作用，融合性地创造了对身心产生深度感知的设计势能。

20.3 设计基础：品牌研究与竞品调研

企业间竞争的维度越来越多样化，尤其在市场上同类产品日趋同质化的趋势之下，强化企业形象识别、实现品牌溢价已经成为各大企业进行市场竞争的战略之一。在产品识别过程中，企业以产品为载体，通过产品形象塑造品牌形象，建立起公众对品牌特有的识别印象，从而实现企业理念的传递。因此，产品识别是在企业识别（CI）和品牌识别（BI）的基础上，结合市场产品竞争而产生的一个基于产品视觉识别与认知的理论体系。其中，产品形象是企业识别和品牌识别的外化载体，因此要加强对产品形象的研究。产品形象狭义上指的是产品的综合外

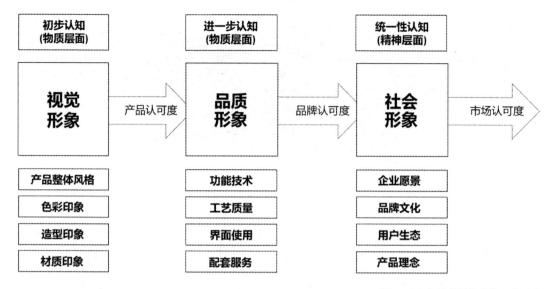

初步认知 (物质层面)	进一步认知 (物质层面)	统一性认知 (精神层面)
视觉 形象 → 产品认可度	**品质 形象** → 品牌认可度	**社会 形象** → 市场认可度
产品整体风格	功能技术	企业愿景
色彩印象	工艺质量	品牌文化
造型印象	界面使用	用户生态
材质印象	配套服务	产品理念

图 20-14 产品形象构成的三个层次

观特征，广义上则上升为企业形象及品牌战略层面，其构成层次可分为视觉形象、品质形象和社会形象三个递进层次（见图 20-14）。

在进行 PI 设计之前，需要对目标品牌的企业文化和竞品市场进行充分的调研和分析，因为企业的设计战略与企业文化之间要保持高度的协同，在价值观上将产品文化与设计行动转变为企业 PI 设计战略的实践与实施，是厘清思路和建立设计评价的有效途径和工作要领。以中国重汽集团的重卡 PI 设计项目为例，围绕中国重汽的企业精神、企业文化、企业宣传推广方式、企业标识、色彩分析等方面展开了企业内部调研（见图 20-15）。同时，掌握竞品企业的历史、文化，以及产品设计理念等信息，是在比较和分析的基础上，更好地预判未来产品的趋势和竞争优势。以中国重汽集团 PI 设计的竞品市场调研为例，在竞品品牌中选择了奔驰、沃尔沃和 MAN 等国际主流重卡品牌，和东风商用、一汽解放两个国内品牌，通过对竞品的外观、内饰、网站、品牌 PI 发展历程等分析比较，梳理品牌 PI 特征以供重汽重卡形象系统重塑与创新思考（见图 20-16）。

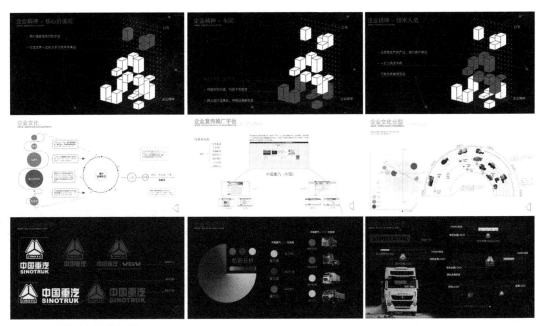

图 20-15 企业内部文化调研

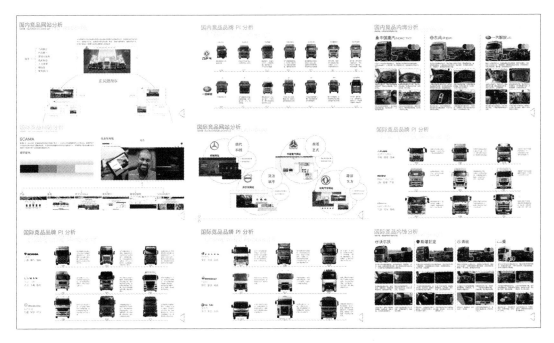

图 20-16 竞品企业调研

第 20 讲　重装企业 PI 设计战略：以中国重汽为例

20.4 设计方法：PI 设计的创新路径

为了让研究方法讲解得生动具体，PI 设计将与重卡设计结合起来，通过对各国多个品牌的 PI 进行调研，尝试从人的认知心理角度去解读不同品牌卡车形象背后所隐含的地域文化和风土人情相关信息。图 20-17 将 PI 设计分解成三个层次：产品形象塑造层次、地域文化层次和社会组织层次。当设计者和使用者、消费者将三个层次的信息加以串联时，可以更全面地理解品牌文化和产品形象想要传递出来的关键信息。所以，PI 的设计研究其本质在于借助语义符号学的原理，根据抽象含义提炼出相对具象的符号，形成产品造型语言并向公众传达表述其含义。PI 设计的研究方法框架：一方面是对于内隐的品牌理念识别研究，包括品牌定位、品牌文化等"软文化"识别内容，通过提取品牌的抽象化语言（关键词归纳），转化为符号形式并确立出与之匹配的语义信息，用于对设计的引导与约束；另一方面是外显的视觉特征识别研究，包括产品语义、特征分析等视觉识别内容，主要从产品造型的美学范畴及特征的遗传范畴进行提取与研究。在此基础上，以内隐的品牌理念为逻辑，确定产品的设计元素并进行要素拓展，最终通过外在的视觉符号表达呈现出具有品牌特征的产品。

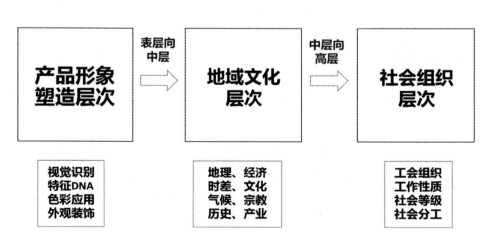

图 20-17 产品形象设计背后的关联要素

图 20-18 卡车形象设计排序参考

　　将美国、印度和中国的卡车文化从产品形象、地域文化和社会组织三个层面建立关联，来帮助同学理解对应卡车形象产生的背景原因。接下来就德国、美国、印度、北欧、中国和日本 6 个国家的重卡进行比较分析，通过投票对卡车形象设计进行排序（见图 20-18），然后以课上互动的方式让同学讨论对卡车视觉形象的认知和设计的优缺点，激发对设计的初始好奇心。课程的重点聚焦对产品外观的评价以及背后所隐含的认知科学，然后再把知识点结合到重卡 PI 设计上。

　　为保证排序的公平性和客观性，对 6 个国家卡车品牌代表产品的呈现方式均选择正视图，方便进行比对分析。经过投票选出了第一名为德国沃尔沃品牌的卡车，而第六名则是印度 TATA 的卡车。综合师生给出的选择理由发现，对产品形象的排序不仅与产品设计本身关联，而产品所属的品牌给用户建立的认知，以及品牌所属的国家的发达与否都会影响判断结果。这也可以解释为什么大多数同学会将沃尔沃的重卡作为第一选择。首先，其产品形象传递给用户强烈的力量感与科技感，而且设计的整体把控能力很强，设计语言也具备一致性，总体而言给人带来的感受是严谨、理性、成熟。相比之下，TATA 品牌的卡车造型设计具有一定的滞后性，其外观印象无法与先进科技相关联，这也直接关联品牌所属国家的科技水平和设计文明程度。

　　通过调研发现：消费群体的认知背景、学业背景、生活方式、地域文化、性格爱好、审美差异等会反映到对产品形象认知上，然而，即便存在众多差异，依然可以在某个产品上达成共识，而这是值得共同探讨分析缘由的。顺着这样的思路，去思考中国重卡的形象塑造与社会价值，尝试建立中国特有的文化、精神与

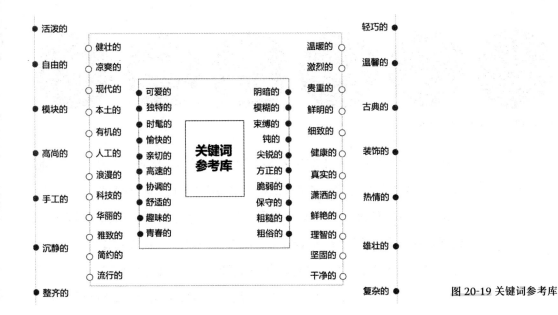

图 20-19 关键词参考库

审美基调，通过对设计描述进行抽象处理后建立关键词参考库，从中筛选与设计目标紧密关联的关键信息形成设计定位（见图 20-19）。其次，通过形象类比法寻找与关键词对应的意向图，形成心情板和灵感板，"用形象推演形象"对想要描述的形象特征进行可视化展示，有利于设计团队和用户之间通过直观形象来进行高效沟通。最后，关联企业文化并建立品牌的价值评估体系。

参考阅读书籍与文献

[1] 袁丁 . 基于 PI 理念的货运机车外观设计研究 [D]. 成都：西南交通大学，2021.

[2] 蒋红斌，金志强 . 以人因系统为基础的企业 PI 战略：潍柴国家级工业设计中心游艇发动机设计与实践 [J]. 装饰，2023(1):76-80.

[3] 周平 . 强制联想法在设计教学中的应用研究 [J]. 装饰，2022(11):133-135.

[4] 崔笑声，田壮 . 以"身体"作为方法：环境设计专业基础课教学实践 [J]. 装饰，2022(3):97-101.

[5] 孙薛，白雪岑，于伟涛 . 产品形象系统设计在矿山重型装备行业中的研究及应用 [J]. 矿山机械，2022(50):59-63.

单元五

设计的未来

第 21 讲
设计赋能社会创新

第 22 讲
元宇宙中的设计建构

第 23 讲
可持续的设计生态体系

第 24 讲
设计研究的升维

5

第 21 讲—第 24 讲
交叉学科设计研究的价值

面向未来的设计，人类智慧将与人工智能高度融合，进而使整个社会系统达到过去无法实现的卓越水平。将未来、艺术、科技、创新、战略融合的人才培养理念，会给设计学科带来新的机遇。学界、产业界的专家、团队焦点小组，跨学科、多层次地讨论和评估设计思维与产品原型创新的架构体系和研究方法，形成交叉融合型的设计创新范式，为学术研讨与理论研究提供实践支撑。

第 21 讲

设计赋能社会创新

21.1 设计蕴含人文价值

系统学习设计思维与产品设计战略课程有助于以下几个方面综合能力的提升。一是人文方面，它关乎学者的学问和道德，设计是关照人类生命品质的学问，教师要鼓励学生从人文情怀的角度去思考、建构、设计和规划；二是观察方面，从用户的角度细致入微地观察是获得洞察的重要途径；三是呈现方面，包含设计实践与学术研究多途径的原型呈现和不断更新，提高对设计方法和观念的吸纳能力；四是沟通方面，在设计过程中需要具备同理心和设计的感召力；五是格局方面，融入产品设计战略等知识体系是为了能够站在企业、市场、社会的高度上去理解设计思维和未来职业的发展机遇。

驱动设计迭代的动力不仅是使产品日益成熟、美观的外在形式，还在于如何在有效的空间、环境因素限制条件下，提升用户对产品的综合体验。对目前项目的设计反思不能只停留在用户的测试和反馈层面，要学会"走近用户再走出用户"去多维度思考，要敢于批判和否定，敢于拓展更多可能的情境去思考设计的可行性，基于以上评估和反思做出的改进计划会为接下来的设计迭代做出正向引导。最后，面对面的交流与探讨在设计执行过程中也是十分必要的，有利于推进项目进展并形成参与式工作团队。

从人文的角度来展开设计探讨，并将生活趋势加以描述，关注设计的内在逻辑，从生活方式的变化中去发现问题、定义问题和解决问题。催生生活方式发生变化的科技力量将运用到产品的概念和创新研发之中，所以透过产品造型和原型挖掘的本质规律，能寻找设计真正的出发点和落脚点，最终都将回归到人类对美好生活的向往，这将构成一个更大的设计格局。

随着人们价值观念的变化，生活方式必然出现新的变化，如用网络方式进行授课和开会，那么移动端的互动方式便成为社会交流和日常工作、学习的一种新趋势；再如快餐与预制菜更贴近青年人的居家餐饮方式。在当下中国社会的发展背景之中，调研将结合青年人自身对生活中新变化的搜索与补充。同时，要将数据可视化出来，通过数据来强化解决问题的社会动量与社会动因。当设计者发现一种趋势时，往往第一感受是直观的，且具有不确定性，根据利益相关者进行人群筛查，可以辅助判断这个趋势究竟是个人观点还是群体认同的观点。通过评估所发现的问题到底是少数人的问题，还是大多数人的问题，需要进行测算并形成数据图表加以呈现。围绕量化信息整理要形成两个维度：第一个维度是经济维度，第二个维度是社会维度。此外，描述发现问题的价值还需要通过二手资料的调研，要做到有理有据，要善于搜索文献和报道作为佐证和理论支撑，并加以分析。图21-1 中的内容是设计原理，通过三个维度，可以衡量出所发现问题或者趋势放置于整个社会情境中能否产生积极的价值，这种对积极价值的定义会超出个人喜

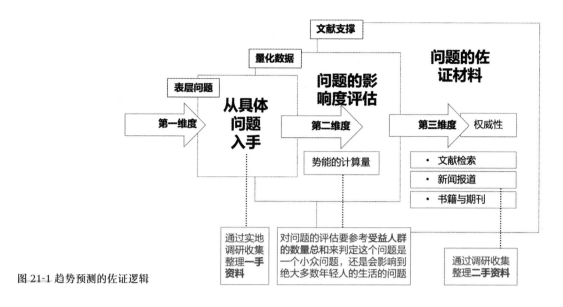

图 21-1 趋势预测的佐证逻辑

好的范围，加入更多理性思考的元素，让判定更具有客观真实性，并能够上升至集体认同层面。再往上过渡，每个小组要将支撑资料转化为客观依据，二手资料的研究深度与广度是学生研究能力的反映。所以，检索的文献资料要具有足够的权威性，其中包括权威研究者、研究机构、大学学院、期刊、报刊等发布的研究成果。然后有理有据地对趋势进行描述，并形成文字资料，而描述问题的本质就是设计研究。

21.2 设计秉承科学精神

结合当下产业与科技背景，国家急需高层次、交叉学科、多领域、融合型人才。因此，课程紧密跟进国家人才培养战略，将理科、工科、文科、管理学科等生源作为人才培养目标，成为国家培养紧缺型交叉学科设计创新人才的关键策略。作为多学科、跨学科的通识课程，聚焦艺科融合、交叉学科中新理念、新规划、新模式，以及新的教学成果。通过技术原理、生活原型、企业考察、专题实训、学术研究等环节进行文理融合，形成跨校、跨专业的交叉学科设计团队，实现"科

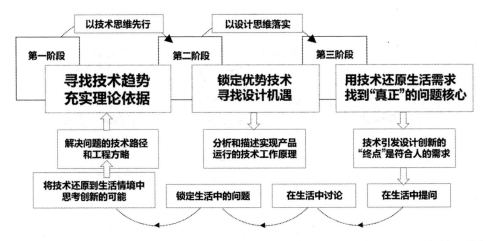

图 21-2 "科技先行"与"设计先行"并轨式创新实践

技先行"与"设计先行"并轨式创新实践（见图21-2）。课程坚持以学生为中心的教育方略；强化工业与工程、科学与人文、艺术与设计的思维方法跨界融合；尊重工科和文科对于设计的立场观点；从调研方法到设计实践、从思维构想到产业互动，鼓励学生将设计成果投入市场转化、业界竞赛加以验证；因材施教逐步强化学生的学术研究能力和设计实践创新能力。最后，将课程的教学规划、方法、理念、成果、未来启示意义等环节加以梳理，为"工程思维"+"人文思维"+"设计思维"综合型人才培养计划，以及相关学科课程设立提供实验性与启发性的教研思考和教学路径。

科技精神赋能设计策略可以划分为两个层次，即方法层和方略层。其中方法层是设计思维的具象层面，主要通过思维方法与工具积累，指导设计执行并获得设计成果。方法层的具体方法包含：用户观察、用户问卷、用户访谈、用户旅程图等，有利于学生快速切入设计任务并加以执行；方略层则站在宏观角度洞察未来的科技走向和人文趋势，以及社会、产业发展战略目标之间的关联。方略层的设计产出成果不一定是具体的产品，也不限于微观层面的产品创新，而"抬头看路"的作用在于开启学生的学业格局，将自身发展放置于整个社会需求、国家方略的层面中去，这有利于推动和提升未来设计在整个企业组织中的地位和价值。

未来世界，万物互联、虚拟现实、数字孪生等技术所引发的设计问题将日益复杂，面对"新挑战"，不仅需要敏锐的洞察力和设计思维，更离不开学科交叉的支持与协作。将设计学科与交叉学科运用设计思维进行产品设计的流程进行对比，从中发现交叉学科的优势在于打破点性、线性思维模式的束缚，从系统的、多维的角度去探索设计创新，进而弥补设计评价体系偏重主观感知的缺陷，注重实验与实践、测量与数据、科学假设与技术原理为设计构建的客观支持。此外，无论工程学科还是设计学科的设计者都会在肩负社会责任问题上形成共识，因为设计与科技发展都有可能导致资源匮乏、生态失衡、灾难频发，甚至还会因技术的突飞猛进而导致社会和伦理的深层危机。因此，人才赋能需要兼顾交叉学科协作、系统设计思维和社会责任三重目标。

科技的应用成果能够还原到生活当中去体察现实的生活需求。这也促发学生理解技术与创造的终极目标是以人为中心。站在如今的时代去审视企业如何将技术与设计融合，发现企业未来的发展目标不是让技术引领生活，而是通过高品质的生产向美好生活回溯，通过技术和生产力驱动的设计将让位于以人为本、关怀的设计，这便是工业 5.0 的核心定义，所以设计的人文指向决定了艺术要和科技"握手"。

未来设计者具备的能力将重新界定，其中有为建立人与人、人与生活、生活与产品，以及产品与信息工业化生产平台之间的联系而具备的素质，设计者的工作内容和成果的输出方式都会发生根本的改变。当前的设计是在信息时代背景下，融合工业化进程，并与人类的福祉相融合的行为，是中国实现"弯道超越"和新的经济形态崛起的时代契机。在这个契机中，科技的迅猛发展，大力推动了整个社会经济的走向。企业未来的人才选择目标和企业自身发展战略，是基于生活与品质、互动与交流、感知与创造、提炼与整合等综合能力的比拼，因此成为企业的设计核心竞争力。设计作为一种企业的服务机制，正在通过建立消费者的需求和企业产品生产信息系统之间的联系，将企业的量化生产和产品的个性要求有效地连接起来，并形成高度统一、高效组织生产的企业行为。国内实体产品企业对设计的要求越来越高，设计研究开始位移到对目标人群生活形态、品质鉴赏和消费趋势等更深远的主题上来。对于企业而言，消费者的需求不能直接作为新产品的支撑，企业在整理消费者的需求的同时，还要从更大的、更深层次的设计创新中获得产品理念。

21.3 设计肩负社会伦理

设计思维是一个通过开发新产品以改善或改变人们生活的过程，并不断在产品的功能性与美学价值之间寻求一种平衡。要想实现产品创新，对社会问题、资源利用、用户心智、产品制造工艺和使用场景进行深入了解和挖掘的过程必不可少。这一系列的研究将需要更多设计者的共同努力，并不断汇集社会更广泛群体的力量共同推进。所谓的社会创新，是一群人协作努力，用创新的方式解决某个特定的社会或环境问题。社会创新的成果将更加多元，可以是一种产品、一项技术、一个设计、一种行动方法、一个商业模式，但最终会将社会中的人与物连接在一个整体的系统之中。杨氏基金会报告：《社会创新的定义》（Defining Social Innovation，2012）里总结了往期重要的社会创新研究文献，提出了"6步法"（见图21-3）帮助人们快速掌握社会创新方法论。这一理论也广泛应用于设计思维、社会设计之中。

设计有义务在社会创新中发挥作用。设计能创造出各种解决方案，更重要的是，设计能鼓励并帮助那些处于社会边缘的弱势群体寻找生活的价值与建立生活的信心。因此，设计目标设置应符合全社会的关切。好的设计能够提升社会和个人的健康水平、财富水平和幸福感。埃佐·曼奇尼的《设计，在人人设计的时代：社会创新导论》中指出，社会创新设计并不仅仅指具备社会责任的设计，不仅需要服务于弱势群体，更需要服务于普通民众，无论是老人，还是移民，或者是上

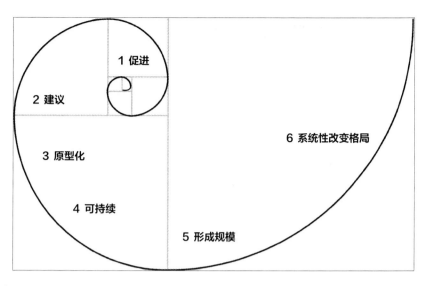

图 21-3 社会创新"6 步法"

班族，只要人们参与解决日常问题的过程，并且最终提出了不同往常的解决方案，就是在进行社会创新设计。

　　设计赋予了社会创新的机能，从设计研究的角度梳理社会内部所存在的必然性规律，主要的方法依然基于观察与提问。例如，中国南方城市进入夏天后，在室内工作和生活都需要获得凉爽的空间体验，常规意义上来判断需要借助空调系统调节，但是思考问题的本质会发现人们不一定必须依赖空调，而是想要得到更好的降温方式。如果设计者把空调设计过渡到思考降温方式，并不断探寻问题的源头，那么可以获得更多的创新机会和空间。由此推断，比设计执行更为关键的环节在于找准正确的方向。如果将降温方式定义为问题的核心，那么所进行的思考甚至会改变人们的生活空间，如建筑的通风系统、住宅的采光方式、材料与通风系统、控温系统等。于是设计者会获得更多的设计方案，并从具体的产品或器物设计层面解放出来。所以，课程帮助同学们解放思想，从众多思维误区或局限中走出来，找到更广阔的空间。如果学生未来的职业规划是设计师，那么他还承担着解放团队思想和参与企业战略规划的责任。

21.4 设计触发文化势能

在国际设计中，融入民族文化的展示已经成为主流，在设计上根植于传统显得非常重要。设计是一种创造行为，是人、自然、文化的共同体。虽然一些设计师开始重视国内传统文化的艺术特色，并在设计中融入一些传统元素，但仍然存在一些不足之处。首先，在融入传统元素时，仅仅停留在表面，缺乏对传统文化深层次的内涵和价值的全面理解，导致设计作品在宣传传统文化方面存在肤浅或刻板的缺点。其次，对传统文化的宣传方式需要思考和改进，才能真正展现出具有国内特色的艺术设计。

2022 年，冬奥会的开幕吉祥物"冰墩墩"火爆全球。体现了人性化、彰显了科技感又充满温度的"冰墩墩"受到了运动员、媒体记者、观众和世界各地人民的喜爱，成为传递友谊、弘扬奥林匹克精神的最好媒介。在冬奥会这个重大国际体育赛事上，"冰墩墩"既显示了当下中国创意设计的创新力和生命力，彰显了文化自信，又展示了中华优秀传统文化的力量，为创意设计"如何讲好中国故事"带来了很多启示。

在全球化的发展背景下，设计既不能脱离本国审美，又要考虑世界审美的共性，要通过设计向全世界传达中国文化。"共通"是交流和传播的基础，创意设计要想实现跨文化传播，讲好中国故事，就要正视文化差异，在应用领域、认识领域、审美领域、实践领域寻找人类"共通"的内容，在此基础上有机融合中西方文化元素，让交流更加顺畅和自在。在创意设计中，设计人员要把中华美学精神和当代审美追求结合起来，在"各美其美，美人之美，美美与共"中，以创意设计为媒，向世界阐释和推介更多具有中国特色、体现中国精神、蕴藏中国智慧的优秀文化，推动中华优秀传统文化更好地走向世界。

21.5 设计推进学术研究

学术观点 1：设计创新的底层逻辑是生活方式与生产模式因时代而发生的变化。与产品设计密切相关的两个部分是生产和生活，设计存在于人的行为当中，生产实践与生活活动是人类生存繁衍的根基，而生产与生活的限制性条件是生活的时代。结合历史经验，人们学会了思考，思考让人类可以领先于时代，去探索未来的各种可能性，同时也学会了反思，反思时代变化带来的新机遇和挑战。

学术观点 2：以技术原理和生活方式展开的设计探索，关键在于建立两者之间的联系。在课程中系统地解释设计思维的内部逻辑与外在层次，这样的梳理会对设计课题起到重要的引领作用，跳出固有的器物思维，在更广阔的空间中，多维度地思考产品、生活、用户行为、环境、技术之间的关联。

学术观点 3：设计思维可以划分为三个层次，即产品器物层次、企业组织层次和社会生态层次，三者存在渐进式思维逻辑关系。第一个层次是产品设计本身，以实现一定程度的产品概念突破与创新为目标来实现单一维度的拓展；上升到设计思维的中间层次，即第二个层次企业组织层，在这个层次里的工作重点不局限于产品，更关键的是如何打造团队，或者理解为一个涵盖了公司与企业的平台，利用这样的平台可以带动更多的人共同发展；第三个层次是社会生态层次，这个层次范围广，通过设计可以带动社会层面的力量去寻找人类生活、生存的核心价值。

学术观点 4：认知摩擦意味着新的挑战和机遇。交叉学科联合课程中，提供不同学科背景的同学进行思维模式的对接与碰撞，一开始的认知融合必然是困难的，但是这种认知摩擦也是设计产生新的缺口的开始。因此，在设计思维的学习过程中产生认知摩擦是十分重要的。

学术观点 5：对于未来设计趋势与机遇的预测要注意构建逻辑清晰的研究层次。建议从个人观念、数据支撑和文献综述三个维度来证实趋势预测具有一定的社会影响力。与此同时，许多设计趋势或机遇在产生之初，是微弱的、不被大众所发觉的，这需要设计团队对其进行强有力的预判，而这种预判并非出自设计者的直觉或"第六感"，而是需要长期的能力强化与经验积累，在不断试错中夯实和迭代。

学术观点 6：设计思辨要建立在个人意识和社会意志之上。个人意识代表的是个体的特征，而社会意志代表集体的趋势，将两者结合统称为大众。大众的生活方式依然受到工业环境（经济技术条件）的制约，所以放眼未来，新的生活方式会伴随新的条件、技术而出现。

学术观点 7：创新，对于工业设计的创新者来说，只是对其工作过程的一个形容词。工业设计的创新之道，关键是在把握和认识其获得创新成果背后，需要形成一种能够有机协同其结构内容的适应性机制。这个机制的更新与构建，是克服一切舍本求末、隔靴搔痒的急功近利创新，以及试图用徒有其表的眼球工程来挽救危机的表面创新，是具有真正时代精神和现实意义的工业设计创新途径。

学术观点 8：设计的本质是建立人与人造物正确传递信息的途径。也就是将人、事、物与情、理、利有机地协调在一起。通过这样的协调实践，才能真正意义上形成设计的创新路径。创新既不是设计活动的起点，也不是设计行为目标，而是其在运行高度的人文指向、高度工业化生产与沟通和整合机能这三者之间所形成的特定机制。

学术观点 9：对产品思维的研究是方法层面的研究，对生活方式的研究则上升为战略层面的研究。设计思维可以是围绕着战略起点做系统管理，也可以是源自科学或工程成果，从实验室里幻化成未来技术趋势的原理型平台。不管哪个企业的创新创业活动，核心是要在生活当中寻找到有价值的产品去定义它，然后形成组织形态去拓展它。一个国家如果按照这样的形态来构建人才，这个国家的创新力就会生机勃勃。

学术观点 10：设计思维是一种对事物的预设和预判能力。面对变化莫测的未来世界做出趋势预测和探索，需要鼓励同学尝试驾驭生活和生产中的变化，而不是随着变化而被动地做出抉择，这会带给学生全新的思维模式和处世观念。

学术观点 11：让科技成果应用于生活当中，反映设计的人文指向与科技创新的价值。数字时代的到来，人的设计、分析能力受到 AI 的挑战。科技成果在日常生活层面的投产应用，给人们带来新的机遇和挑战，而在此当中设计的价值在于从人文角度唤起人们对科技创新的多角度认知，以引导科技成果体现出对人的深度关怀。

学术观点 12：社会的势能与企业动能将引领未来设计趋势。研究社会与企业的关系会发现中间有一个靶心，是设计动态引发的行业势能。从企业发展战略的角度来看设计，设计真正的运作难度在于企业、社会、国家对它的相关投入和价值认可。

学术观点 13：关注设计研究，让研究方法自我进化、不断迭代、审时度势、融汇变通。在课程中鼓励有交叉学科背景的同学将本学科的研究方法带入设计项目之中，通过组合思维将多种研究方法根据课题需要进行联合、融合，进而产生新的研究方法和策略，启发新的设计思路与观念。

学术观点 14：从学术研究的角度去思考设计，其本身的重要特征就是超前意识和提前量，或者说前瞻性。因为，对于设计活动而言，设计者所做的任何事情和东西，都是在没发生的时候，就要把它设想和定义出来。因此，设计可以为社会定义新的生活形态和使用方式。

学术观点 15：采用"三步法"来建立设计学术研究体系。第一步，鼓励"先思后看"，在扩展对某个特定主题的探索之前，先挖掘已知事物并进行思考。第二步，找到创作的原点，围绕某一主题尽可能获取一手体验，从而形成新的想法。第三步，提倡将正在做的事情放置在更为广阔的创设情境中去考虑，这既包括现在世界正在发生的事，也包括已经成为历史的过去，同时，还要将创作实践与广泛的间接研究资源相结合。

学术观点 16：在设计中不断提醒自己"抬头看路"，这与以执行设计任务为主线的设计项目有较大的区别，这种模式可以促使设计者全面理解设计思维、工业设计、设计企业之间的关联，积极引导由浅入深地了解、实施、洞察、反思产品设计的进程。

学术观点 17：通过设计思维获得正念与自信，要坚持设计以人为本、要热爱生活、保持对生活的好奇心、要不断培养成长型思维、要善于与人建立良性沟通模式。究其根源，设计思维的内在逻辑是利他思维，设计思维的最高境界是"慎独"。

学术观点 18：关注社会的势能与动能将引领和洞察未来趋势，要善于观察和足够敏锐，要善于在表层事物之间建立逻辑关联。

学术观点 19：意识到学习是成长的"摩擦力"，而这种认知摩擦被证实是构筑知识储备的基础，设计要求设计者具备全面的表达能力、审美能力、动手能力，同时还要始终保持洞察社会心理的初衷和以人为本推动社会发展的初心。

第 22 讲

元宇宙中的设计建构

数字时代下的变革带来了信息社会多纬度的革新。就设计而言，从以物质设计为重心向以服务为基础的非物质产品设计的过程转变，同时也引发了人们生活方式的巨变。预测虚拟设计对整个设计行业的价值与影响，可以参考未来预测法，其理论提出者是安东尼·邓恩，他在《思辨一切》中提出，将设计的未来探索分为三个阶段（见图 22-1）：未来的 1 ~ 3 年为当下设计阶段、3 ~ 5 年为近未来设计阶段、5 ~ 20 年为未来设计阶段。安东尼·邓恩认为："在对未来探测的过程中，人们可以确信的是未来的产品会更好地为人类服务。换言之，相对于不断更新发展的产品和技术，设计师改善用户与产品关系的需求始终未变，而这一需求正是驱动产品设计与创新的根本动力。探测信号的过程鼓励设计团队共同参与其中。"

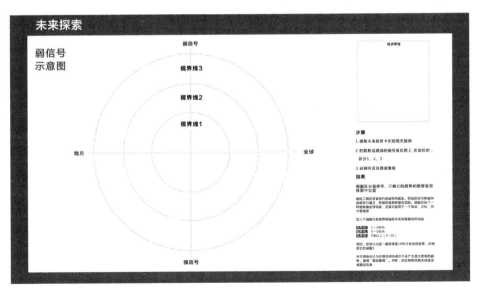

图 22-1 未来探索的三个阶段

22.1 非物质设计中的产业价值

"非物质设计"是一种有效解决未来生活方式的前沿性设计，是建立在高度物质基础上的一个非物质化过程，对引领我国未来的绿色生产及生活方式具有乐观的实践意义。"非物质设计"的发展利于创造一个更为适合人类生存的可持续空间，这对我国的"可持续发展战略"的落实，有着重要的借鉴意义。

"非物质设计"产生于"非物质社会"，"非物质社会"是后工业发展时期生成的特有文化景象。人类社会步入 20 世纪 90 年代后，随着科技的不断突破、计算机的广泛普及，以及信息网络的大范围确立、扩张和日益全球化，一个信息化、数字化的时代，即"非物质社会"已悄然而至，人类社会进行着一场深刻的变革，蔓延至各领域，乃至艺术设计领域，并引发了对艺术设计未来发展动向的新思考。

进入数字信息时代后设计对象不再局限于物质，实现了非物质的突破，开凿了一个新兴设计领域。科学技术革新为设计的呈现形式打开了新的大门，"非物质设计"的提出让物质设计得到了升华，设计的整个过程变得更加完整，实现了设计虚拟与现实的完美承接。"非物质设计"将信息社会视为"提供服务和非物质产品的社会"，以"非物质"概念来表述未来设计发展的总趋势，即从物的设计转变为非物质的设计。"非物质设计"没有局限于技术手段与物质材质的应用，它是对人类消费、生活方式的一种整合升级。打破已有设计"物"与"非物"的壁垒，以探索人与非物质的相关性为始发点，来实现设计产物的可持续性发展，这与我国的可持续发展战略不谋而合。

我国当下面临着人口众多与资源紧缺的突出矛盾，且我国人口老龄化严重，社会资源分配不均等问题也很突出。所以走好科学发展、可持续发展，才能应对未来所面临的更为突出严峻的挑战。在这众多的已知变量下，通过"非物质设计"的手段，加强优化资源配置方法，提升居民生活质量；构建社会公共养老机制，优化各种养老制度体系，在缓解养老重担的同时，令子女的生活品质得到基本的保障。总之，"非物质设计"是一种生活方式的优化与革新，它帮助人们在实现减少人均耗费成本的基础上，实现更高的精神情感需求。

"非物质设计"在满足人性化需求的同时，更表达出了对社会的关怀及可持续发展的潜力。"非物质设计"想在中国实现长足的发展，必须把设计与中国实际情况相结合，在充分考虑中国国情的前提下进行设计，在和谐社会中健康发展。在数字化时代所面临的种种新的挑战，要用冷静客观的眼光去分析看待，这是机遇也是挑战。设计者需要拥有高度清醒的思维意识，在信息碎片化的境遇中抽丝剥茧，发现有效信息来完成"非物质设计"，只有这样才能在纷杂的信息素材中，确保设计结果的价值。

22.2 信息设计中的人文关怀

20 世纪 90 年代，计算机作为一种更高效、更便捷的设计工具，其产生也带动着艺术设计的理念、手段、方法及过程等的重大变化，设计焦点从物质产品塑造中逐步摆脱，逐渐关注"物"的文化内涵与认识过程。发展至后工业时代、信息时代、数字时代，工业的物质产品开始与非物质产品并存。信息设计随着信息社会的发展而兴起。在信息时代，借助计算机、互联网而兴起的新型设计方式，其设计对象、手段都经历了从物质到非物质的转化。随着信息技术手段的更新迭代及对人们日常生活与学习工作的渗入，信息设计也在不断迭代完善，得到了更为广泛的运用。

在经济长期高速发展中，环境问题的冲突也开始凸显。人们对所处环境关系的处理，符合信息设计这个综合交叉学科的运用范畴。为了可持续发展，在满足环境承载力的情况下，进行物质产品的设计；其余非必要的物质性设计、生产及消费行为，力求通过虚拟设计行为构建起人与自然的友好相处模式。

从非物质角度来看，给人们带来满足感的不仅是"物"本身，还有伴随产品附加的服务体验。现下消费者的消费重心不再局限于对"物"的追求。更是对优质服务体验的追求。在过去对物的盲目追求中，导致了许多浪费，这一切可以通过优化服务体验来避免。因此，在科技发展、信息碎片化、网络遍及的今天，信息一定程度上突破时间、空间的局限。同样的信息内容可以服务更多的人，有可能给人们不同的启发，促成用户自身信息内容的输出，无形中形成了信息的增值、资源的重筑。这种优质信息的循环扩大了服务人群。

非物质设计主义下的设计，从不合理的生活方式中发掘矛盾并加以解决，使产品、人和自然的关系越来越融洽，更契合人类的人性情感化需求，进而开拓出新的、合理的、美好的生活方式。信息设计更注重人的尊严，以及自我价值的达成等更高层级的精神需求，充分展现了"以人为本"的设计理念。用户购买的不再仅是物质化的产品，而是包含在"物"中的价值和情感关怀，人们的需求变得越来越个性化、多元化。例如，日本一家 3D 影像公司，用 VR 虚拟现实技术，还原了一位失孤母亲的女儿生前的场景，通过技术手段场景再现来抚慰孤独的母亲。信息设计实现了科技与艺术的跨界融合，实现了从静态的、理性的、单一的、物质的向动态的、感性的、复合的、非物质的转变。同时，也充分关注与消费者的情感互通与互动。

信息技术的高速发展，使新媒体艺术以"一日千里"的速度在全世界范围内崛起。这一区别于传统媒介的设计方式，高度依赖前沿的科学理论与技术成就，以新的设计手法和表达方式来凸显人文关怀与设计的反思。

22.3 智能设计中的柔性思维

柔性生产线采用模块化设计，具有构造简单、组装灵活、安全稳定的特性，能根据实际需求增减设备，广泛应用于生产的各个领域，能有效提升企业的生产力和竞争力。在柔性生产线的具体流程中，本着节约劳动力的原则，在全面多角度地满足产品加工需求的同时，对生产线进行完善，优化柔性生产线的布局。

装备制造业产业转型升级步伐的加快、人力资源成本的增加，使劳动集约型的生产方式逐步被淘汰。目前，柔性生产线已经广泛应用于生产的各个领域，能有效提高工厂的生产效率及产品的质量、改善工作环境、降低能源损耗、节约材料，降低企业生产成本，提高企业的竞争力。

人工智能技术成为推动智能设计领域进步的重要力量。以美国人工智能研究实验室 OpenAI 推出的 ChatGPT 为代表，自 2022 年年末首次发布以来，两个多月积累超过一亿的活跃用户，成为史上用户增长最快的应用程序。ChatGPT 火爆的背后，是人工智能技术进步对人类生产生活带来重大影响的表征。主要的 AI 工具如图 22-2 所示。传统的设计过程往往依赖人的经验和直觉，受限于人的认知和信息处理能力，难以快速处理复杂的用户需求与设计问题；而智能设计作为跨学科领域的重要组成部分，致力于将人工智能技术应用在设计过程中，以提高设计的效率、优化设计方案，并满足不断变化的用户需求。在这个过程中，人工智能生成内容逐渐成为智能设计的核心支持手段。AIGC 技术以其强大的数据处理和模式识别能力，能够在设计过程中发现潜在的规律和趋势，并帮助设计师做出更加准确、高效的决策。在社会治理、高等教育、科研、人文社科研究、智能媒体与艺术创作等领域，AIGC 技术逐渐发挥着不可磨灭的作用。AIGC 技术的出现，为智能设计带来了全新的视角和方法，推动智能设计领域向着更加智能化、高效化和个性化的方向迈进。

图 22-2 主要的 AI 工具

结合柔性制造思维的智能设计作为一种应用人工智能技术的综合型设计方法，它将人工智能与设计领域相结合，通过对企业制造能力的宏观管控与调节，来提高生产效率、设计效率、创造力和创新性。由于其具有跨领域融合、自动化和智能化等特点，为设计领域带来了新的机遇和优势。

第 23 讲

可持续的设计生态体系

用设计的视角和立场去看待可持续发展问题，这会引发不同层面、多维度地展开思考，理解解决问题的思路不是线性的，问题的解决方案也从来不止一个。此外，要通过行为和力量改善和推动社会发展，要有利他精神，要为改善他人的生活、生产付诸实际行动。在这些行动过程中，强大的内心与信念也会被不断塑造成形。

23.1 对用户行为引导的思量

以人为本是设计思维的原则，在整个课程体系中，教师引导学生设计以用户为中心，企业在进行设计时需要更好地了解用户，才能满足用户的需求，这也是为了企业长期盈利和持续发展。《IDEO，设计改变一切》的作者蒂姆·布朗说道："在商业世界里，每个想法无论有多高尚，都必须经受生存底线的考验。但这并不是单方面的事。企业正在采用更注重以人为本的方式，因为人们的期望在不断地变化。无论身为顾客还是客户、身为患者还是乘客，我们都不再满足于在工业经济链条的末端做一个被动的消费者。"这意味着，无论设计者还是企业都要为其产品对购买者的身心、文化和环境所产生的影响负责。最终，在产品销售商、服务提供商与购买者之间，产生意义深远的变化。

对于消费者提出的各种新需求，单方面迎合需求的局面也应得到转变，未来的设计团队应邀请用户参与其中，并对设计师和企业提供的产品拥有决定权，而不是在购买商品后，才能与企业、制造商和销售商建立某种联系。为了满足这些期望，企业必须把主控权让给市场，并与顾客进行双向对话。

在进行设计行动的过程中保持"慎独"。"慎独"的状态可以让设计的价值观念最大限度地发挥"辐射"作用，把当代生产的经济和价值相关联，工业设计的任务是实现批量生产，让产品的利润最大化，为企业竞争创造有利条件。将设计与社会相关联，产品设计的价值往往存在于产品之外。例如，产品对人的精神层面塑造带来哪些影响，对社会发展、文化传承带来哪些价值等。未来同学们也许会成为一名工业设计师，或者从事与设计相关的工作，但是不要专注于画图或者建模渲染这些技能性工作，而要学会解构一个产品，这是更为关键的能力；通过理解产品去理解社会分工的逻辑，进而学会对他人工作的尊重；最后，学会表里如一、具有思辨精神地进行设计和处事。

拥有设计思维会更加关注人文精神，常用的引导方式是从用户需求和痛点入手进行设计创作，利用现有资源提供有效率的解决方案，关注用户体验改善，通过完成产品的实物化、商品化转化实现其价值。

23.2 对地域资源整合的思量

研究历史文化搭建科学与人文的平衡发展，在设计实践中植入生态文明的尊重意识。人类建筑、器物、工具、服饰等，可以折射出尊重生态可持续和资源节约的时代发展规律。设计思维对生态资源的整合与可持续利用，不能停留在自然环境方面，而是要实现生态、经济、科技、社会整个系统的可持续发展。图 23-1 所示为生态设计清单。首先是对自然生态资源的思考，设计过程中对自然资源的使用不能超越自然资源自身更新能力的发展，一旦自然资源自身更新的

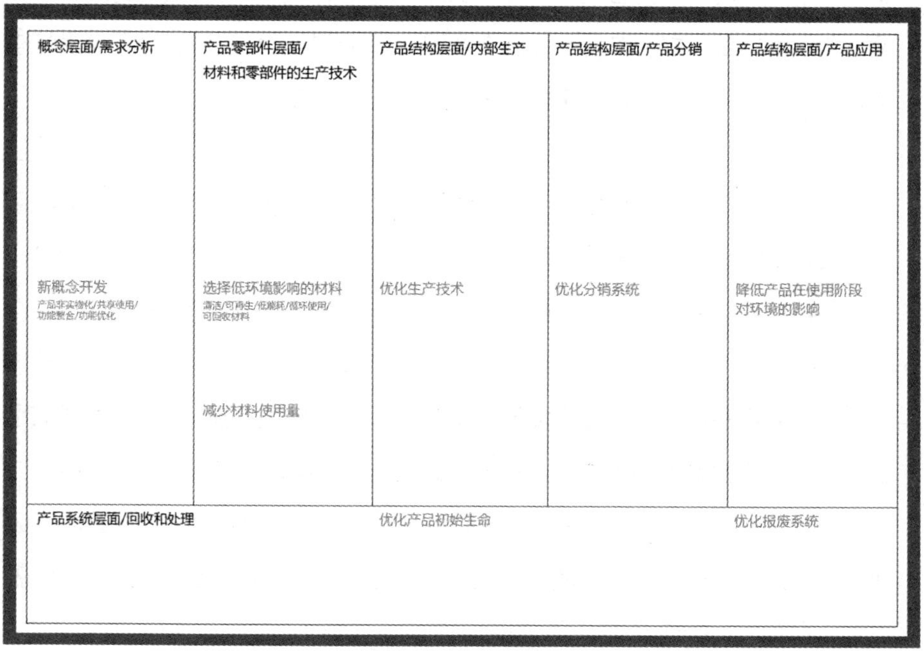

概念层面/需求分析	产品零部件层面/材料和零部件的生产技术	产品结构层面/内部生产	产品结构层面/产品分销	产品结构层面/产品应用
新概念开发 产品实体化/共享使用/功能整合/功能优化	选择低环境影响的材料 清洁/可再生/低能耗/低环境使用/可回收材料 减少材料使用量	优化生产技术	优化分销系统	降低产品在使用阶段对环境的影响
产品系统层面/回收和处理		优化产品初始生命		优化报废系统

图 23-1 生态设计清单

速度跟不上对资源的使用速度，那将打破自然资源的平衡状态，对自然资源造成不可逆转的破坏。其次是对经济体系的思考，设计通过对自然资源的使用创造出满足人类社会发展的需求，同时获取经济方面的利益，但是这种经济利益不能以提前消耗后代的利益为代价，否则会破坏健康的不断发展的经济体系。再次是科技与资源关系的思考，设计利用自然资源进行科技发展以达到为人类服务的目的，在此过程中应最大化地减少对自然环境的污染。最后从社会可持续角度的思考，设计可以改善人类的生活质量，使人类的学习、工作、生活环境更加舒适，但这些都是建立在对自然资源的消耗基础上。这种消耗应不超出自然生态系统包容能力的范围，只有这样，人类社会才能健康持久地发展下去。

23.3 对企业战略格局的思量

从宏观层面思考未来中国的设计战略与国家发展方向，未来中国设计人才培养目标是肩负中国创造使命的企业家与工业设计实践者，通过不懈的努力增加民众对工业设计发展的信心。在实地考察中，了解了大信家居集团的成本控制，这让师生们确信中国制造已经发展到了令人引以为傲的水准。通过调研，在国内包含大信家居集团的众多企业正在正向发展，它们善于洞察客户需求、总结和分享经验，逐步在行业内形成一种榜样的力量。然而，产业或企业的创新离不开人、技术与商业的支撑。美国斯坦福大学提出，创新设计由人本价值，即需求性和可用性，商业的存续性与技术的可行性三者耦合而成。由此可以窥见设计的战略性作用，即设计不再止于某种风格或一种过程，而是人、技术与商业这三者凝聚的综合产物。

通过微笑曲线可以看到人、技术、商业三者的关联。使用微笑曲线很好地诠释了工业化生产模式下，企业在价值链不同环节的任务，以及所能产生的价值。微笑曲线的左边是研发，中间是制造，右边是营销（见图23-2），分别对应产业

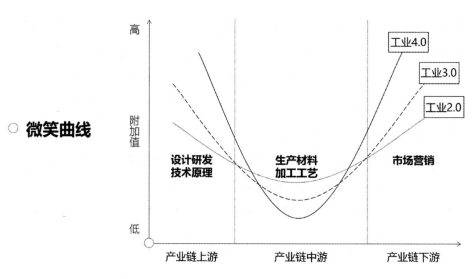

○ **微笑曲线**

图中标注：
- 高 / 附加值 / 低（纵轴）
- 工业4.0
- 工业3.0
- 工业2.0
- 设计研发 技术原理
- 生产材料 加工工艺
- 市场营销
- 产业链上游　产业链中游　产业链下游

图 23-2 微笑曲线

链的上游、中游、下游三个环节。由于当前制造业产生的利润低，使全球制造业处于供过于求的态势，但是研发与营销的附加价值较高，因此产业都向着微笑曲线的两端发展。进入工业 4.0 时代后，曲线两端的附加价值得到了更大的提升，从而进一步削弱了加工制造环节的价值。因此，设计思维依然会帮助设计者从设计战略的角度去统筹、创造和发挥设计附加值的作用。

第 24 讲

设计研究的升维

谈及设计思维与产品设计战略，其关键在于如何思考创新，创新既可以从微观的产品器物层面进行探索，也可以从宏观的国家管理层面去研究策略。设计既然以生产为背景、以文明为指向，那么其创新的内在机制研究远比其输出的成果

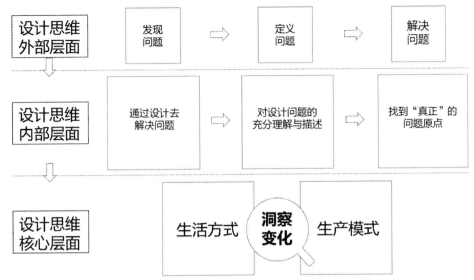

图 24-1 设计创新的底层逻辑

来得更重要。从设计思维的角度入手，将创新进行内在逻辑梳理和外部结构分层，洞察因生活方式和生产模式转变所形成的创新运行机制，进而更本质地揭示和把握工业设计创新的思想基础和核心价值。

　　首先，通过对设计创新的底层逻辑梳理会发现与产品设计密切相关的两个部分：生产和生活（见图 24-1）。设计存在于人类行为当中，生产模式与生活方式是围绕着人类生存繁衍的根基，而生产与生活受到时代局限性的限制。纵观历史发展，人们无法超越时代发展，但是通过考察不同时代器物与人的行为关联，在回溯历史进程中有助于认清每个时代的发展规律。所以，去博物馆实地考察，并不是单纯去瞻仰古代文明，而是去体验古人生活的观念与哲思，在情境中还原有益于产生共情，并看到中国古代文化的内涵智慧与力量。如果参观者足够细心，还会引发对先人依靠哪些"新的工艺或技术"去进行生产与生活的思考。历史经验可以启发思考，而正是因为思考让人类可以领先于时代，去探索未来的各种可能性。与此同时，研究历史还可以促进反思，反思时代变化给人类带来了哪些新的机遇和挑战。所以，置于历史当中去思考和反思，并不是为了承袭某个历史时

第 24 讲　设计研究的升维

期的文化符号，而是能够甄别于当代，寻找设计工作的底层逻辑，然后面向未来为用户选择更适合的生产模式与生活方式。

其次，解读设计创新需要从设计思维角度分析其外部结构，具体可以划分为三个层次，即产品（器物）层次、企业组织层次和社会生态层次（见图24-2）。

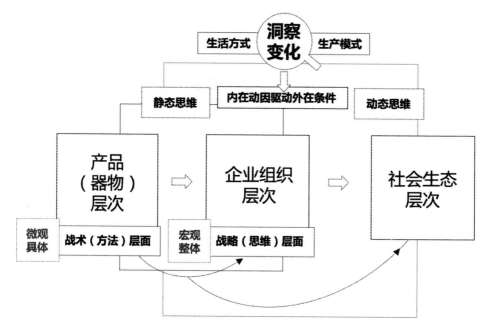

图 24-2 设计创新进行外部结构分层

24.1 产品（器物）层次的细分：拥有—使用—共享

第一层次是设计思维的基础层次，是对产品本身的设计，可以将产品隐约理解为"器物"，所以这个阶段也可以称为"器物"层次的设计。通过企业实地考察，会建立对设计思维的初步认知，梳理设计、设计思维的内部逻辑与外在层次，跳出固有的"器物"思维，在更广阔的空间中，多维度地思考产品、生活、用户行为、环境、技术之间的关联。

在设计中要做到以下三个方面。第一，先思后看。当准备就某一主题搜寻更多信息时，通常会选择将一些关键词输入搜索引擎，然后任由互联网蹦出大量现成的信息，这些信息的可靠程度难以辨别。从已掌握并能直接获取的信息入手，继而努力发展一种为你独有且能够反映自己世界观的视觉语言。在获取间接信息前想尽一切办法拓宽自己的知识、武装头脑、丰富体验并加强对作品的阐释能力。第二，找到原点。当启动设计项目时，主动搜寻新的信息和想法，然后来搭建一个创意作品库。这个过程是一个搜寻设计原点的过程。原点可以是一个想法、一点创意、一幅图像或是一处知识点，设计者要对这些事物倾注心血并享有它们的所有权。有时，想发现崭新的事物很难，但朝着崭新事物探索的动力恰恰价值连城。这是一个主动的过程，需要主动走出去拥抱世界。同时，这一过程还有赖于与相关人员之间的良性互动。第三，创设情境。情境营造是一个具体执行策略，保证设计成果符合企业、产业的背景，同时与你想表达的主题紧密相关。

面向未来的产品设计，解决问题的思路正在转向激发用户意识觉醒，以拥有—使用—共享的意识转化为例，传统意义上的产品设计目标会与产品效率紧密关联，用户对产品的拥有意识也是造成资源分配不均甚至资源浪费的主要原因。因此，共享经济时代的到来造就了更多用户对拥有物使用权和所有权的重新定义。如果以经济价值和社会价值去衡量产品的使用方式，那么共享而非占有的使用模式会为设计服务带来新的生机和活力。最为关键的是，这是设计理念对社会带来的正向影响，意义深远。

24.2 企业组织层次的细分：信息化—数智化—人性化

设计思维的第一个层次是产品本身，上升到中间层次，即企业组织层次。在这个层次里设计工作的重点不局限于产品，更关键的是如何打造企业的设计团队，或者理解为一个涵盖了公司与企业的平台，利用这样的平台可以带动更多的人共同发展。设计服务社会中最大的挑战在于设计不是做自己想做的，而是做社会想要的。这要求设计者看清整个社会的趋势，在现代企业发展建设中，最重要的一个环节是把握经济规律。企业的制造进化从最初的批量化、标准化转向如今的信息化、系统性生产，生产模式的转变也能清晰地展示在人们生活质量的不断提升上。放眼未来去探讨企业势能，预测将从数智化再度回归到人性化的关注。所谓信息化阶段是数字化转型的起点，在这个阶段，企业开始将纸质文档和传统的人工操作转变为电子化的信息系统。关键任务包括建立企业内部的信息系统、数据的数字化存储和处理，以及网络的建设和应用。通过信息化，企业能够更好地管理和利用自身的信息资源，提高工作效率和决策能力。数智化阶段是数字化转型的最高级阶段，也是数字化技术与企业管理深度融合的阶段。在这个阶段，企业利用先进的数据分析、机器学习和人工智能技术，实现对大规模数据的深度挖掘和智能应用。数智化能够帮助企业发现隐藏在海量数据背后的商业洞察和价值，提供更精准的决策支持和预测能力。然而，在工业 5.0 时代，中国制造业如何保持自身优势成为重要课题，同时，企业要回归思考如何收获更多的员工积极性、创造力、生产力和认同感，这是对人性化的思考，与设计以人为本的核心观念再度吻合。因此，对企业组织层次的研究依然建立在洞悉设计思维的基础上。

对企业的研究将探讨产品品牌化、市场营销、销售情况、品牌基因、市场趋势等。一个新产品或者新项目的组成至少包含两个要素：技术可行性与市场竞争力。两者缺一不可，且两者之间的平衡关系至关重要。设计团队要想成功地完成设计，不但需要具备巧妙的创意，也需要制订周密、详尽的市场调研计划。在市场调研阶段，通过实地与网络调研，掌握目标设计产品所属企业与竞品品牌的各项要素，如功能、使用、制造、成本、环境、产品生产标准、分销等。市场研究的七个要素包括：一是产品，确保自己的产品相对其他竞争对手具有清晰的特点和优势，即产品具有独特的销售主张；二是地点，消费者可以从哪里购买产品，这些产品是如何被送到销售地点的，还有分销的过程是怎样的；三是价格，产品在市场上的销售价格是由产品开发、制造和营销成本，以及产品对于消费者的潜在价值共同决定的；四是促销，如何让潜在的消费者和用户意识到产品的价值，如何吸引他们关注新的产品；五是消费者，消费者的忠诚度建立在周密的用户调研和良好的服务质量的基础上；六是流程，产品设计与制造过程中使用的方法与技术；七是环境，产品的销售场所所处的公共环境，产品的展示空间、零售店环境，这些会带给消费者留下积极或者消极的印象。

24.3 社会生态层次的细分：文化—文明—文脉

继续上升到设计思维的第三层次，即社会生态层次。这个范围涵盖广泛，通过设计可以带动社会层面的力量去寻找人类生活、生存的核心价值。从国家的宏观视角去审视社会组织生态体系，设计思维的价值在于引领国家建立从文化—文明—文脉过渡的宏伟蓝图与设计升维。中国人民在千百年来的生产生活中创造的中华文明，既是中国人共同守望的"根"，也是共同塑造的"魂"。正是对中华文明"根"和"魂"的守正，使中华民族渡过了难关，创造了传奇和辉煌。但是，守"根"铸"魂"的文化自信却来之不易。习近平总书记强调，要坚定文化自信、担当使命、奋发有为，共同努力创造属于我们这个时代的新文化，建设中华民族现代文明。以习近平总书记重要讲话精神为指引，坚定文化自信自强、担当新的文化使命，传承赓续历史文脉，建设中华民族现代文明。

产品设计的本质是一种融合多学科的交叉创新（见图 24-3），是在特定的工业化生产方式与其时代背景之间，形成的一种特有的、以设计为载体的适应性机制。创新既不是工业设计活动的起点，也不是工业设计行为的目标，而是其在运行高度的人文指向、高度工业化生产与沟通和整合机能这三者之间所形成的特定机制。认识和适当地建构这种特定机制，来实现其三者内容的适当运行，才是

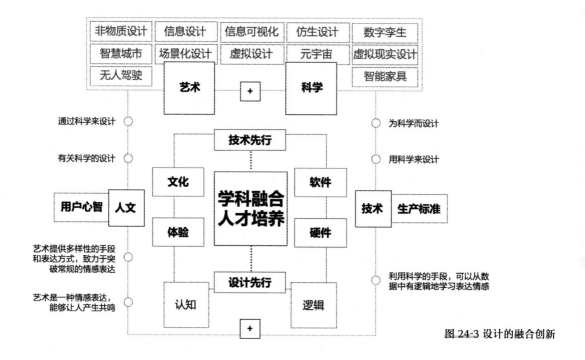

图 24-3 设计的融合创新

工业设计创新的本质所在，也就是将人、事、物与情、理、利有机地协调在一起。通过这样的协调实践，才能真正意义上形成产品设计的创新路径。如果说产品设计活动本身是工业文明孕育出来的机制，那么产品设计的职能也是在不同的社会经济环境、生产条件和生活品质之间不断寻求沟通机制的创新。由此，创新对于产品设计而言，只是对其工作过程的一个形容词。

设计是面向未来的展望，设计思维的底层逻辑是找出设计的本质规律，在此基础上，顶层思维的构筑便可以赋能设计者敏锐的未来预测能力。无论从事具体项目的设计师，还是领导设计团队的产品经理，他们都会跟进企业的全部生产线，从宏观和微观的角度不断切换去为企业、产品提供全方位的服务与策略。需要引导设计者既要脚踏实地地进行设计实践，又要时不时地抬头看路，了解未来社会、时代赋能设计行业哪些新的趋势。只有两者有机结合，才能更好地搭建设计思维的底层逻辑，继而构筑顶层的战略思维。

参考阅读书籍与文献

[1] 张楠. 设计战略思维与创新设计方法 [M]. 北京：
化学工业出版社 , 2022.

[2] 周星，董阳. 艺术学科与新文科建设关系的观念
思考 [J]. 艺术设计研究，2020(3):108-114.

[3] 穆拉托夫斯基. 给设计师的研究指南：方法与
实践 [M]. 谢怡华，译. 上海：同济大学出版社，
2020.

[4] 何宇飞，李侨明，陈安娜，等."软硬兼顾"：社
会工作与社会设计学科交叉融合的可能与路径
[J]. 装饰，2022(3):24-27.

[5] 邱松，徐薇子，岳菲，等. 设计形态学的核心与边
界 [J]. 装饰，2021(8):64-68.

[6] 米罗. 完美工业设计：从设计思想到关键步骤 [M].
王静怡，译. 北京：机械工业出版社，2018.

[7] 张瑜. 数字时代下"非物质设计"于中国的潜在
未来 [J]. 西部皮革 ,2022,44(18):69-71.

[8] 袁梦婷，江粤军. 跨文化传播视角下巧用创意设
计讲好中国故事 [J]. 文化产业 ,2023(31):125-127.

[9] 吴佳琳. 文化自信背景下的现代城市景观设计探
析 [J]. 现代园艺 ,2024,47(2):110-112.

[10] 卢兆麟，宋新衡，金昱成 .AIGC 技术趋势下智能
设计的现状与发展 [J]. 包装工程 ,2023,44(24):18-
33;13.

[11] 李有兵，林勇. 柔性生产线智能控制系统设计 [J].
机电工程技术 ,2018,47(12):102-105;208.

结语

　　本书以工程学科、设计学科交叉融合视角，走出设计程序的思考定式，基于交叉学科实践教学经验总结，提出兼容艺术类和非艺术类学科特点的设计创新策略。以设计思维架构产品技术原理与用户需求连接的底层逻辑。以产品原型创新构筑推动企业生产模式与社会生活方式优化转型的顶层思维。运用"第一性原理"洞察产品设计创新的内在机制。通过多维度对比评估培养方案的学生赋能程度。从微观产品设计实践入手，产出兼具科学精神和人文精神的设计成果。同时，提出一套锁定交叉学科的产品创新设计思维模型与流程方略。再从微观升维至宏观，探索交叉学科设计联动的创新势能与社会成效、教学启示与教研思路。

　　艺术与科技融合型人才赋能策略可以划分为两个层次，即方法层和方略层。其中方法层主要通过设计思维方法与工具积累，收获"肉眼可见"的设计成果。方法层所涵盖的具象方法学习，例如用户问卷、用户访谈、用户旅程图等，有利于学生积累经验、举一反三和不断设计迭代。方略层则引导学生站在一定的高度上去思考未来的科技趋势和产业发展战略目标之间的关联，学习的产出成果不一定是物化的具体产品，也不限于微观层面的创新，而"抬头看路"的作用在于开启学生的学业格局，将自身发展放置于整个社会需求、国家方略的层面中去，这有利于推动和提升未来设计在整个企业组织中的地位和价值。

　　未来世界，AIGC、万物互联、虚拟现实、数字孪生等技术所引发的设计问题将日益复杂，面对"新挑战"，不仅需要敏锐的洞察力和设计思维，更离不开学科交叉的支持与协作。将设计学科与交叉学科运用设计思维进行对比，从中发现交叉学科的优势在于打破点性、线性思维模式的束缚，从系统的、多维的角度中去探索设计创新，进而弥补设计评价体系偏重主观感知的缺陷，注重实验与实践、测量与数据、科学假设与技术原理为设计构建的客观支持。此外，通过课程实践总结，有交叉学科背景的同学因有着不同的学业背景和对知识的理解逻辑，所以可以通过设计思维打通学科之间的认知壁垒。因为设计思维所关注的人文向度可以最大程度上取得认同。因此，将设计思维作为跨学科的通识课程，可以实现交叉学科协作、设计思维构筑和社会创新落地三重目标。

本书的写作主旨是鼓励不同学科、不同学习程度的学生运用设计思维去践行"如何思考、如何创新"，通过记录与整理进而形成一个尽量完整、可分步实行的人才培养方略。本书的讲述内容共 24 讲，又规划为五个单元，这样的设置可以引导读者从认识设计思维向产品创新，再到产品设计战略高度转移，即完成思想从微观到宏观的转变。同时，本书将未来社会发展的思考与构思作为设计目标与方向，引领读者透过"物"的表象去思考"事"的本质，即寻找不断变化的人类生活方式与生产模式的内在规律。由此可见，对书的规划和设计本身也可以作为一种深层次的设计组织方式，运用设计思维与创新方法与读者"对话"。

本书作为多学科、跨学科的通识文献，聚焦艺科融合、交叉学科中新理念、新规划、新模式，以及新的教学成果。通过技术原理、生活原型、企业考察、专题实训、学术研究等环节进行文理融合，经过多轮课程教学与教研迭代，在探索与实践中将交叉学科设计人才培养方案的特色汇总为以下几个方面。

第一，强化文理结合、多学科研究方法在设计思维中的融会贯通。为设计创新、原型呈现、成果转化、创新创业提供高效的、严谨的、具有时代更新精神的研究路径。同时，在教学研究中不断纳入和更新知识体系，将艺术设计与工业工程的原理、思维、实践、原型在课程中整合，促成多学科与跨学科的资源对接。

第二，注重设计的创新原理与设计思维的底层逻辑搭建。引领学生密切关注社会生活方式与生产模式的转变，探求设计创新的根源。以高品质的生活和生产为系列化设计主题，运用设计思维与企业、产业建立双向促进式、可持续性互动。

第三，启发学生从社会趋势中寻找设计势能，释放势能以促成艺术与科学的良性"对话"。引导学生完成从微观产品设计向宏观产业设计战略的思维转化，并能够在未来语境中探索设计势能的价值空间。

第四，夯实设计思维作为基础课程的普适性作用。善于从理工科角度建立理性思维的逻辑架构，定量与定性研究、客观与主观分析兼并，促使学生综合设计创新能力全面提升。

在本书的学习过程中，既有"有形"的学习，也有"无形"的学习。其中"有形"的学习在于通过产品设计原型挖掘设计创新的出发点和落脚点，通过设计的力量去获得感动和认同；而"无形"的学习在于围绕以人为本、生而仁人、善良豁达的格局观，引导设计者透过文化看文明，这样的创作会获得更多的共鸣和赞同。反思交叉学科人才培养要重点关注三个节点规划：一是导入设计课题任务和目标，需要打破不同学科固有思维的束缚，博采众长并及时建立统一思想；二是中期设计理论知识讲授，需要将重心放在设计思维内在机制的逻辑搭建上，同时要加强多元知识的输入；三是后期的小组协作，需要鼓励成员间互相启发，发挥各自的专业特长。

综合以上特色，本书为日后交叉学科人才培养与创新起到承前启后的关键作用。本书的写作目标是以设计思维促进艺术与科学的深度融合，这是一项重要而富有挑战性的任务，需要通过层层递进的设计策略与实践实现这一目标。因此，鼓励创建跨学科的项目和合作机会，为艺术与科学之间的对话与交流提供"培育土壤"，以此激发设计创新落地，同时，建立艺术与科技的创新实践中心，提供实验室、工作坊和课程资源，以此培养综合型设计人才。通过以上策略与方法，可以有效推动跨学科、多学科人才之间的合作与创新，为解决日益复杂的社会和科学问题提供兼具人文精神和科学精神的探索方案。